TIERE & PFLANZEN

LEBENSGROSS

ENTDECKEN,
STAUNEN,
MITMACHEN

Das Familien-Naturbuch für zuhause

Mehr entdecken, mehr verstehen

DAS **KOSMOS** VERSPRECHEN

Expertenwissen seit 1822

Welches Thema dich auch begeistert – auf unsere Expertise kannst du dich verlassen. Und das schon seit über 200 Jahren.

Unser Anspruch ist es, dich mit wertvollem Rat zu begleiten, dich zu inspirieren und deinen Horizont zu erweitern.

BEGEISTERUNG DURCH KOMPETENZ

Unsere Autorinnen und Autoren vereinen professionelles Know-how mit großer Leidenschaft für ihre Themen.

WISSEN, DAS DICH WEITERBRINGT

Leicht verständlich, lebensnah und informativ für dich auf den Punkt gebracht.

SACHVERSTAND, DEN MAN SEHEN KANN

Mit aussagestarken Fotos, Zeichnungen und Grafiken werden Inhalte besonders anschaulich aufbereitet.

QUALITÄT FÜR HEUTE UND MORGEN

Dafür sorgen langlebige Verarbeitung und ressourcenschonende Produktion.

Du hast noch Fragen oder Anregungen?
Dann schreibe uns: kosmos.de/servicecenter

TIERE & PFLANZEN
LEBENSGROSS

MIT TEXTEN VON

Daniela Strauß
Hannes Petrischak
Holger Haag
Felix Weiß
Katrin Hecker

KOSMOS

INHALT

FRÜHLING

SOMMER

HERBST

WINTER

TIERSTIMMEN SIND AUCH MIT AN BORD!

Mit dieser APP kannst du die Stimmen vieler Tiere im Buch hören.

Und so geht's:

1. Besuch den App Store oder Google Play
2. Lade die kostenlose App „KOSMOS Plus“ auf Dein Mobilgerät
3. Öffne die App, tippe auf das Cover dieses Buchs, schalte die Inhalte mit dem Code **Elster** frei und lade dir die Inhalte herunter.
4. Auf den Buchseiten mit dem Symbol 001 neben dem Artnamen kannst du die Stimmen der jeweiligen Tierart hören. Dazu gibst du einfach den dort genannten Zahlen-Code, z. B. 001, in die App ein.

Mehr Informationen findest du unter plus.kosmos.de

EIN GANZES JAHR IN DER NATUR

Wer wartet nicht jedes Jahr auf die ersten bunten Blumen im Frühjahr, freut sich über Schwalben, die hoffentlich doch den Sommer machen, raschelt im Herbst durch bunte Blätter und staunt im Winter über die Tiere, die der Kälte trotzen? Zu jeder Jahreszeit gibt es in der Natur so viel zu entdecken! Wir wollen dir zeigen, was es draußen alles zu beobachten gibt: Vögel im Garten, summende Insekten auf der Wiese oder Kräuter, Bäume und Sträucher am Wegesrand – die Natur ist so nah. Und das Beste:

Alles in Originalgröße

Alle Tiere und Pflanzen, die du in diesem Buch siehst, sind in jeweils einer der Abbildungen in ihrer echten Größe abgebildet – vom kleinen Marienkäfer bis zum großen Fuchs, von den winzigen Blättchen des Thymians bis zum riesigen Kastanienblatt. Du kannst genau vergleichen, sogar Blätter direkt auf die Bilder legen, und schon ist es wirklich einfach, neue Arten zu entdecken und sie besser kennenzulernen. Einige sehr winzige Insekten sind vergrößert abgebildet, damit man kleine Details gut erkennen kann.

Frühling, Sommer, Herbst und Winter

Jede Jahreszeit hat ihre Besonderheiten – und in diesem Buch eine eigene Kapitelfarbe. Mache dich auf und staune, was man dann jeweils in der Natur entdecken kann. Manche Arten findet man nur zu bestimmten Jahreszeiten, wie z. B. den Bärlauch im Frühjahr – dann stellen wir sie natürlich auch im entsprechenden Kapitel vor. Andere Arten sehen wir das ganze Jahr, wie etwa die Amsel. Die haben wir auch im Frühjahr eingeordnet, weil ihr Gesang so schön nach Frühling klingt. Wenn du dir einmal nicht sicher bist, in welcher Jahreszeit eine Art zu entdecken ist, dann hilft der Farbcode, einfach fix innerhalb der Tiergruppe auch in anderen Jahreszeiten zu suchen.

NAH DRAN

Wer die Augen offen hält, entdeckt auf dem Balkon, im Garten oder beim Spazierengehen im Park jede Menge Natur.

Farbcode für die Arten

Manchmal wirst du einen Vogel, ein anderes Tier oder eine Pflanze entdecken, sie im Jahreszeiten-Kapitel aber nicht finden. Dann hilft dir der Farbcode auf den oberen rechten Seiten, dich schnell im Buch zu orientieren und innerhalb der Artgruppe danach zu suchen.

VÖGEL

ANDERE TIERE

KRAUTIGE PFLANZEN

BÄUME & STRÄUCHER

Die Artporträts verraten interessante Informationen aus dem Leben der Tiere und Pflanzen. Zusatzseiten bieten außerdem viele weitere Mitmachideen.

Im Kreis stehen u. a. hilfreiche Tipps, wie man Tiere unterstützen kann oder was sich aus Pflanzen herstellen lässt.

HERBST

IGEL 028

Mit Getöse durch das Unterholz

Nicht zu überhören Wenn die Dämmerung einsetzt, erwacht der Igel in seinem Schlafnest und begibt sich auf Nahrungssuche. Wenn er seine vertrauten Bahnen durch den Garten zieht, hört man es laut rascheln und schmatzen, denn er schiebt seine Nase unter alle Blätter, um Insekten, Würmer, Schnecken, Amphibien oder auch die Gelege bodenbrütender Vögel aufzuspüren. Manchmal ist zusätzlich ein lautes Quietschen, Prusten und Bellen zu vernehmen – dann begegnen sich zwei Igel, was bei diesen Einzelgängern offenbar immer mit größeren Emotionen verbunden ist. Den Tag verbringen Igel normalerweise in Nestern unter Hecken oder Holzstapeln. In Aufzuchtnestern werden im Sommer bis zu fünf Junge geboren [illegible] Fettreserven überwintern Igel in Nestern in Komposthaufen oder sogar unter Gebäuden.

WISSENSCHAFTLICH
Erinaceus europaeus

LÄNGE
25–30 cm

AKTIVITÄT
April–Okt., Dämmerung, nachts

LEBENSRÄUME
Gärten, Parks, Hecken

8000 STACHELN
Igel schützen sich mit rund 8000 Stacheln, die 2–3 cm lang werden. Bei Gefahr rollen sie sich ein, um die ungeschützten Bereiche im Gesicht und auf der Bauchseite zu verbergen.

SÄUGER

↑ **Markenzeichen** Mit ihrem Stachelkleid sind Igel bei uns unverwechselbar.

108

Jede Art ist einmal in **Lebensgröße** abgebildet.

Hurra, es ist FRÜHLING

Hurra, es ist

FRÜHLING

Die Natur erwacht …
… und wir mit ihr. Weg mit der dicken Jacke und den Winterstiefeln und nichts wie raus. Die Tage werden länger und wir werden wieder von Vogelgezwitscher geweckt. Das Grau und Braun verschwindet – endlich gibt es wieder Farbe! Die ersten Blumen beginnen zu blühen und die Bäume werden wieder grün. Wenn man genau hinschau, kann man fast zusehen, wie die Knospen dick und dicker werden und endlich die Blätter und Blüten erscheinen.

Alles grünt und blüht
Schneeglöckchen, Krokusse, Buschwindröschen und Winterlinge speichern in Zwiebeln und Wurzeln die Energie aus dem letzten Jahr, um im Frühjahr die Ersten zu sein, die ihre Blüten öffnen. Über die sich viele Insekten freuen, die nun hungrig aus der Winterstarre erwachen. Hummeln sind meist die ersten Insekten, die Nektar tanken, weil sie auch bei noch kühlen acht Grad schon fliegen können.

Frisch verliebt
In der Vogelwelt geht es jetzt hoch her: Die Zugvögel kommen aus ihren Winterquartieren zurück, und auch die Arten, die das ganze Jahr über bei uns sind, werden so richtig aktiv. Die Brutzeit beginnt und es wird lautstark gebalzt, um die besten Nistplätze gekämpft und Material für das Nest herangeschafft. Ganz schön anstrengend! Wer die Vögel unterstützen möchte, kann energiereiches Futter anbieten (Seite 144/145), eine Vogeltränke aufstellen und natürlich Nistkästen aufhängen (Seite 22/23).

DAS BESTE AM FRÜHLING

- Endlich wieder die Vögel singen hören.
- Die Zugvögel kommen aus dem Winterquartier zurück.
- Der Igel erwacht aus dem Winterschlaf.
- Die ersten Blumen blühen.
- Man kann zuschauen, wie die Bäume grün werden.
- Dicke Hummeln finden den ersten Nektar.
- Es ist allerhöchste Zeit, Nistkästen aufzuhängen.

↑ **Waldmeister** Die typische Zutat für eine Maibowle oder Limo duftet erst, wenn die Pflanze anfängt zu welken.

MIT ALLEN SINNEN

Rieche an Blumen, lausche dem Vogelgezwitscher, erfreue dich an den bunten Farben des Frühlings und spüre die Wärme der Sonne auf deiner Haut.

↓ **Honigbiene** Eifrig sammelt sie Pollen und Nektar, um die Brut zu versorgen.

→ **Stare** sind aus dem Winterquartier zurück und machen vor dem auserwählten Nistplatz ganz schön viel Rabatz.

HAUSROTSCHWANZ 001

Schiefergrau mit rotem Schwanz

Frühaufsteher Rund 70 Minuten vor Sonnenaufgang startet der Hausrotschwanz in den Tag. Sein Gesang ist eine Abfolge harter, gepresst vorgetragener Laute und besteht in der Regel aus drei Abschnitten: Nach einer hellen Tonreihe folgen ein kratziges Fauchen und wiederum einige helle Töne.

Stadtfelsen Hausrotschwänze sind Kulturfolger. Im Verlauf der letzten Jahrhunderte wanderten die einst reinen Felsbewohner in die Täler und eroberten unsere Siedlungen. Nischen in Gemäuern oder Balken unter Dachvorsprüngen ersetzen hier die natürlichen Brutplätze in Gesteinsspalten und -höhlen.

WISSENSCHAFTLICH
Phoenicurus ochruros

LÄNGE
13–14,5 cm

BEI UNS
März–Okt.

BRUT
2 x im Jahr; Nest in Nischen, Halbhöhlen, Nistkästen, an Gebäuden

↓ **Unscheinbar** Das Federkleid des Weibchens ist bis auf den roten Schwanz graubraun.

WOHNUNGSHILFE
Mit Halbhöhlen-Nistkästen locken wir den Hausrotschwanz in unseren Garten – beste Voraussetzungen, ihn aus nächster Nähe bei der Jungenaufzucht zu beobachten.

ZILPZALP 002

Singt den eigenen Namen

WISSENSCHAFTLICH
Phylloscopus collybita

LÄNGE
10–12 cm

BEI UNS
März–Okt.

BRUT
1–2 x im Jahr; Backofennest in Bodennähe in der Krautschicht

Zilp-zalp Sobald er den Schnabel öffnet, kennen wir seinen Namen. Deutlich und einprägsam erschallt ab März sein „zilp-zalp … zilp-zalp“ oder leicht abgewandelt „zilp-zilp-zalp“ aus Parks und Gärten, Baumgruppen sowie lichten Waldgebieten bis zur Baumgrenze. Der Zilpzalp gehört zu unseren häufigsten Brutvögeln.

Weidenliebling Im Frühling können wir ihn regelmäßig durch die Zweige der Weiden hüpfen sehen. Dann ziehen die Blütenkätzchen unzählige Insekten an, die hier Nektar und Pollen sammeln. Eine ergiebige Nahrungsquelle für den Insektenfresser, der daher auch Weidenlaubsänger genannt wird. Das kugelförmige „Backofennest“ des Zilpzalps hat einen seitlichen Eingang. Gut versteckt baut es das Weibchen bodennah im dichten Bewuchs.

←
Unermüdlich Ab Anfang März erschallt wieder sein einfacher und einprägsamer Gesang „zilp-zalp“.

AMSEL

003

Wurmjäger auf Rasenflächen

Vor zwei Jahrhunderten war die Amsel noch ein reiner Waldvogel. Mittlerweile kommt sie im Siedlungsbereich in größeren Dichten vor als im Wald und ist einer unserer häufigsten Gartenvögel. Unterholzreiche Wälder zählen weiterhin zu ihrem Lebensraum. Dort verhalten sich die schwarzen Drosseln deutlich zurückhaltender und scheuer als in unserer Nachbarschaft.

Mittendrin Amseln nisten in Parks und Gärten jeder Art, gelegentlich sogar in Betonkästen inmitten der Innenstädte. Ob bei der Nahrungssuche am Boden oder der Aufzucht der Jungen – Amseln sind wenig scheu und lassen sich leicht beobachten. Ihr Gesang ist wohlklingend und melodisch. Er erklingt bereits weit vor Anbruch der Morgendämmerung und in den Abendstunden.

♀

WISSENSCHAFTLICH
Turdus merula

LÄNGE
23,5–29 cm

BEI UNS
ganzjährig

BRUT
2–3 x im Jahr; Napfnest in Sträuchern, Bäumen und auf Vorsprüngen

↑ **Das Weibchen** ist dunkelbraun mit dunklem Schnabel.

MÄNNCHEN

BACHSTELZE 004

Trippelschritte und Wellenflug

WISSENSCHAFTLICH
Motacilla alba

LÄNGE
15,6–19 cm

BEI UNS
März–Nov.

BRUT
2–3 x im Jahr; Nest in Nischen oder Halbhöhlen

Zappelphilipp Die Bachstelze hält sich gern in Gewässernähe auf. Mit kleinen, trippelnden Schritten und ruckartigen Kopfbewegungen läuft sie auf der Jagd nach Fliegen, Mücken oder Libellen am Ufer entlang. Dabei wippt sie fast ständig mit dem Schwanz. Ihr Flug ist langsam und wellenförmig. Die zutraulichen Vögel sind leicht zu beobachten und nähern sich oftmals bis auf wenige Meter.

Auf Viehweiden Fernab von Wasserflächen können wir sie häufig auf Viehweiden und kurzrasigen Flächen in der offenen Landschaft oder in Dörfern und Städten finden. Ihre Winterquartiere liegen im Mittelmeergebiet und in Nordafrika.

← **Jungvogel** Bei der jungen Bachstelze ist das Federkleid noch recht blass und weniger ausgeprägt gefärbt.

EINFALLSREICH
Gebäudenischen, alte Schwalbennester, lose Holzhaufen, abgestellte Traktoren oder auch Halbhöhlenkästen – Bachstelzen sind bei der Wahl des Brutplatzes erfinderisch.

MEHLSCHWALBE 005

mit Outdoor-Nest

Jagdflüge Mehlschwalben ernähren sich von Fluginsekten und Luftplankton: winzige Organismen, die im Luftraum schweben. Bei trockenem und warmem Wetter jagen sie hoch am Himmel. Bei Nässe und Kälte sind sie dagegen dicht über dem Boden oder über Wasserflächen unterwegs. Längere Schlechtwetterperioden mit mangelndem Nahrungsangebot überdauern die Vögel dank des Torpors – einer Kältestarre mit reduzierter Körpertemperatur und Atemfrequenz.

Die Nester werden häufig in Tuchfühlung zum Nachbarn gebaut. Anders als Rauchschwalben sind Mehlschwalben bis in unsere Innenstädte verbreitet.

♀

WISSENSCHAFTLICH
Delichon urbicum

LÄNGE
13,5–15 cm

BEI UNS
April–Sep.

BRUT
1–2 x im Jahr; Lehmnest an Felswänden und Außenwänden von Gebäuden

→ **Im Flug** ist der weiße Bürzel gut sichtbar. Bei der Mehlschwalbe ist der Schwanz nur leicht gegabelt.

SCHLAMMPFÜTZE

Viele Flächen sind mittlerweile asphaltiert, Lehm als Baumaterial für die Nester fehlt vielerorts. Mit der Anlage einer schlammigen Pfütze können wir Mehlschwalben helfen.

RAUCHSCHWALBE 006

mit Indoor-Nest

WISSENSCHAFTLICH
Hirundo rustica

LÄNGE
17–21 cm

BEI UNS
April–Okt.

BRUT
1–3 x im Jahr; Lehmnest in Felshöhlen und im Inneren von Gebäuden, z. B. in Ställen

„Wo die Schwalbe nistet, da kein Unglück fristet“. Schwalben gelten seit jeher als Frühlingsboten und Glücksbringer. Sind die Schwalben da, beginnt die warme Jahreszeit. Die ursprünglichen Felsbrüter bauen schon seit Jahrhunderten ihre Nester in der Nähe menschlicher Siedlungen, im Inneren von Ställen und anderen Gebäuden, unter niedrigen Brücken und Torbögen sowie einst in den Rauchfängen über dem Herdfeuer – so entstand ihr Name.

Im Herbst nach Afrika Früher kursierte die Legende, sie würden im Schlamm vergraben überwintern. Tatsächlich verbringen Rauchschwalben die Wintermonate im südlichen Afrika. Im Sommer ist bei uns ein bewölkter Tag ideal, um Rauchschwalben bei ihrer rasanten Jagd nach Insekten zu beobachten.

↑ **Kontrast** Das dunkle Brustband ist typisch.

STAR 007

Metallic-Look mit weißen Tupfen

Nach der Mauser im Herbst ist der Star am ganzen Körper kräftig getupft. Durch Abnutzung der hellen Federspitzen im Verlauf des Winters verschwinden die weißgelben Punkte und das metallisch glänzende schwarze Prachtkleid entsteht.

Stare leben ganzjährig gesellig. So können sie sich gegenseitig zu ergiebigen Nahrungsquellen führen und vor Feinden schützen. Außerhalb der Brutzeit bilden sie Schlafgemeinschaften, die Hunderttausende bis Millionen von Tieren umfassen können. Bevor die Vögel in ihre Ruhestätten einfallen, sammeln sie sich am Abendhimmel und vollführen beeindruckende Formationsflüge.

WISSENSCHAFTLICH
Sturnus vulgaris

LÄNGE
19–22 cm

BEI UNS
ganzjährig

BRUT
1–2 x im Jahr; Nest in Baumhöhlen und Nistkästen

↑ **Beeindruckend** Ein Starenschwarm fliegt abends zu den Schlafplätzen.

→ **Schausteller** Mit seinem abwechslungsreichen Gesang verteidigt der Star seinen Nistkasten.

STARE SCHREITEN

Im Gegensatz zu Amseln, die sich meist hüpfend fortbewegen, schreiten Stare leicht ruckartig über den Rasen und stochern dabei geschäftig mit dem Schnabel nach Nahrung.

WEISSSTORCH 008

Meister des Segelfluges

Mit lautem Schnabelklappern begrüßen sich die Partner auf dem Nest. Dies dient der Verständigung und Paarbindung. Auf einem Bein stehend, den Schnabel ins Gefieder geschoben, halten Weißstörche auch bei starkem Wind mühelos Balance. Ein zweites Gleichgewichtsorgan im Rücken sorgt unter anderem dafür, den Körper stabil zu halten. Abwechselnd schieben die Störche ihre Beine unter das wärmende Gefieder. So können sie den Wärmeverlust über die nackten Gliedmaßen bei rauer Witterung oder nach stundenlangem Waten durch kühles Wasser ausgleichen und ihre durch das Stehen ermüdeten Muskeln erholen.

WISSENSCHAFTLICH
Ciconia ciconia

LÄNGE
95–110 cm

BEI UNS
März–Aug.

BRUT
1 x im Jahr; großer Horst auf Gebäuden und in Bäumen

↑ **Klapperstorch** Mit weit nach hinten gebogenem Hals klappern die Störche auf dem Horst.

SEGELFLIEGER

Weißstörche sind Meister des Segelfluges. Sie schrauben sich mit Aufwinden in die Höhe und gleiten dann langsam bis zur nächsten Thermik abwärts.

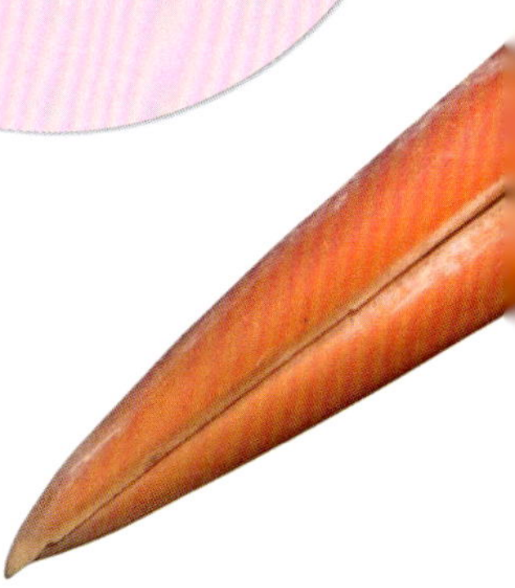

schwarz-weißes Gefieder
lange rote Beine

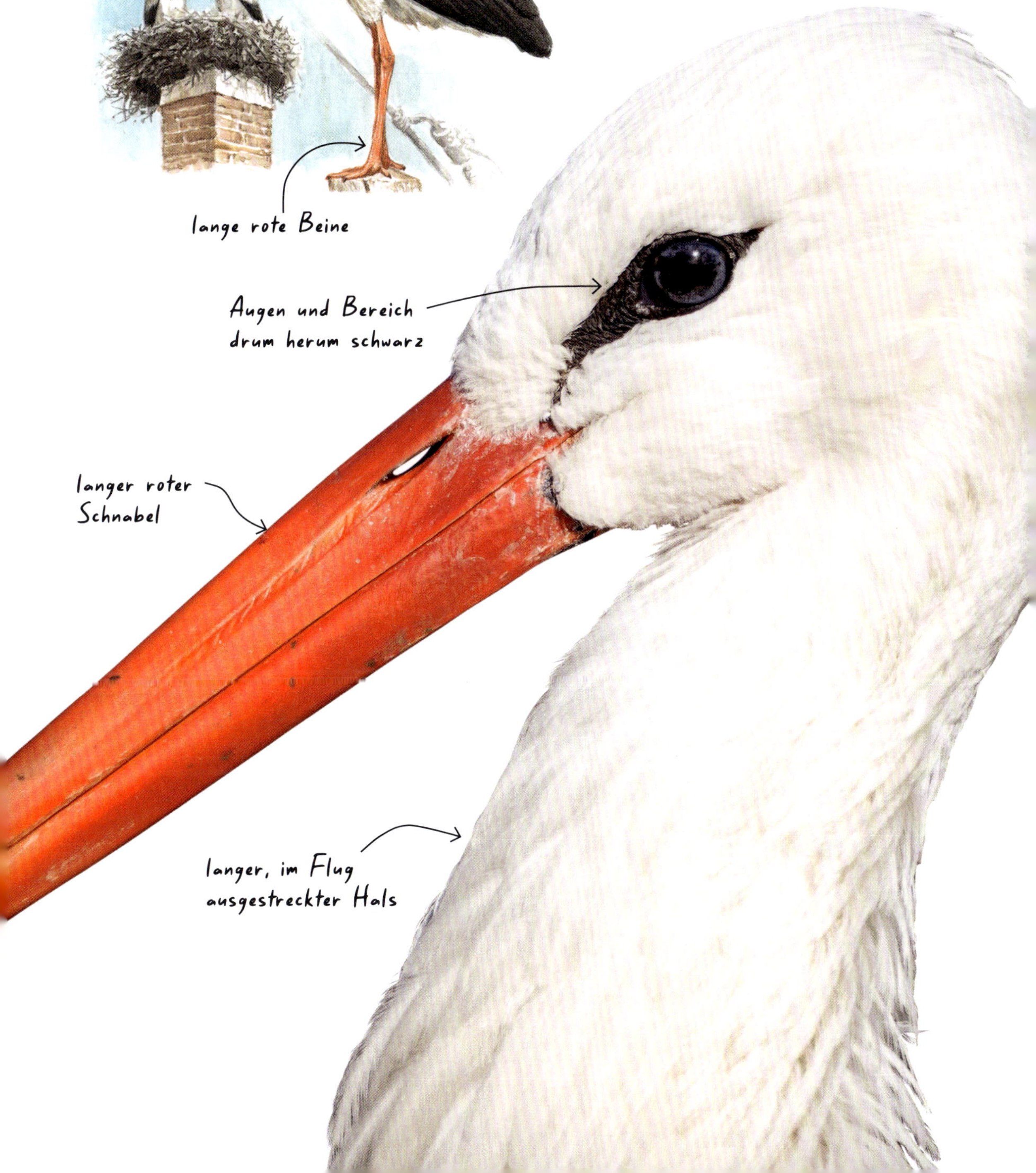
Augen und Bereich drum herum schwarz
langer roter Schnabel
langer, im Flug ausgestreckter Hals

NISTHILFEN FÜR VÖGEL

Hier lässt es sich gut brüten

Wie Vögel wohnen
So verschiedenartig Vögel sind, so unterschiedlich sind auch ihre Vorlieben für Nistplätze. Während Amseln ihr Nest einfach offen im Geäst und notfals sogar einfach mal in den Blumenkasten bauen, brauchen Meisen und Spatzen eine passende Bruthöhle. Rotkehlchen bevorzugen halboffene Nischen, Schwalben bauen ihre Lehmnester unter Dachvorsprünge. Leider finden die Vögel immer schwerer passende Brutplätze. Mit geeigneten Nisthilfen kannst du sie beim Brüten unterstützen.

Der richtige Nistkasten
Die Einraumwohnung für Vögel muss ein paar Kriterien erfüllen, damit sich die Tiere darin wohlfühlen und auch tatsächlich brüten. Das Material – Holz, Ton oder Holzbeton – sollte ca. 2 cm dick sein, um vor Hitze und Kälte zu schützen. Die Grundfläche für kleine Vögel wie Spatzen sollte mindestens 12 x 12 cm betragen, für Stare 14 x 14 cm. Der Durchmesser des Einflugloches bestimmt, wer einzieht (siehe unten). Der Abstand zwischen Unterkante Flugloch und Boden beträgt idealerweise 17 cm. Gib lieber ein bisschen mehr Geld für einen hochwertigen Kasten aus. Witzige oder niedliche Kästen sind meist nur Deko, taugen aber nicht für Vögel. Du kannst einen Nistkasten auch selbst bauen, Anleitungen findest du in Büchern und im Internet.

Wer passt wo rein?

Durchmesser 2,7–2,8 cm: Blaumeise

Durchmesser 3,2–3,6 cm: Kohlmeise, Haus- und Feldsperling, Kleiber

Durchmesser 4,5–5,0 cm: Star

Halbhöhle: Rotkehlchen, Hausrotschwanz

↓ **Blaumeisen** sind Höhlenbrüter. Wo sie keine geeigneten Baumhöhlen finden, nutzen sie auch gern passende Nistkästen.

↑ **Rotkehlchen** In einem Halbhöhlenkasten warten die Jungvögel darauf, dass die Eltern Futter bringen.

↑ **Zaunkönig** Gut versteckt zwischen Efeuranken baut der Zaunkönig sein kugeliges Nest.

Ein guter Platz zum Brüten

Eine Nisthilfe bringt man in zwei bis drei Metern Höhe an. Halbhöhlen werden an der Hauswand oder an Dachüberständen, Nisthöhlen an Bäumen befestigt. Wichtig sind möglichst störungsfreie Plätze, die vor der prallen Mittagssonne geschützt sind. Die Einflugöffnung sollte nicht zur Wetterseite zeigen, gut ist eine Ausrichtung in Richtung Südosten.

Nistmaterial

Ist der passende Platz zum Brüten gefunden, wird das Nest gebaut. Dafür braucht es erst einmal Material für den „Rohbau“: Zweige und Ästchen in unterschiedlichen Größen, trockene Halme und Moos zum Ausstopfen der Ritzen. Dann wird mit feinen Haaren, Wolle oder Pflanzenfasern ausgepolstert. Manche Vögel benötigen auch Lehm oder Spinnweben, um das perfekte Nest zu konstruieren. Da in unseren aufgeräumten Gärten und Kulturlandschaften Nistmaterial oft knapp ist, kannst du die Vögel ganz einfach mit einem kleinen „Baustofflager“ unterstützen.

PROJEKT NISTMATERIAL-SPENDER

Du brauchst

- Astquirl mit biegsamen Zweigen
- Ranken von Efeu/Wein/Hopfen
- Blumendraht
- Moos/Wolle/kurze Hundehaare ohne Antizecken-/Antiflohmittel

So geht's

1 Zweige des Astquirls nach oben zusammenbiegen und mit Blumendraht fixieren.

2 Ranken um die Unterkonstruktion winden und mit Draht fixieren, sodass alle größeren Lücken geschlossen sind.

3 Das Nistmaterial, z. B. Schafwolle, möglichst fest in den Spender stopfen, damit nicht zu viel auf einmal herausrutscht.

4 Den Spender in die Erde stecken oder an einem Baum oder Strauch aufhängen.

ERDKRÖTE 009

Huckepack zum Gartenteich

Amphibien zählen weltweit zu den am stärksten gefährdeten Tieren. Auch in Deutschland befinden sie sich durch Zerstörung, Verschlechterung und Zerschneidung ihrer Lebensräume sowie die zunehmenden Dürreperioden in einem dramatischen Rückgang. Zu den häufigsten und am weitesten verbreiteten Arten zählt die Erdkröte. Sie kann Gärten sogar in Städten in mehrfacher Hinsicht als Lebensraum nutzen.

Krötenwanderung Ein Gartenteich kann als Laichgewässer dienen, zu dem die Kröten im Frühjahr wandern. Ab Ende Februar verlassen sie ihre Winterverstecke. Die Männchen warten auf die Gelegenheit, sich schon unterwegs fest an ein Weibchen zu klammern und sich auf dessen Rücken zum Gewässer tragen zu lassen. Die Weibchen legen die Eier im Wasser in Schnüren ab. Dann schlüpfen die Kaulquappen, und im Sommer verlassen sie nach der Metamorphose zur Minikröte den Teich.

WISSENSCHAFTLICH
Bufo bufo

LÄNGE
7–12 cm

AKTIVITÄT
Feb./März–Okt.

LEBENSRÄUME
Gärten, Parks, Laub- und Mischwälder, Hecken, Streuobstwiesen; stehende Gewässer

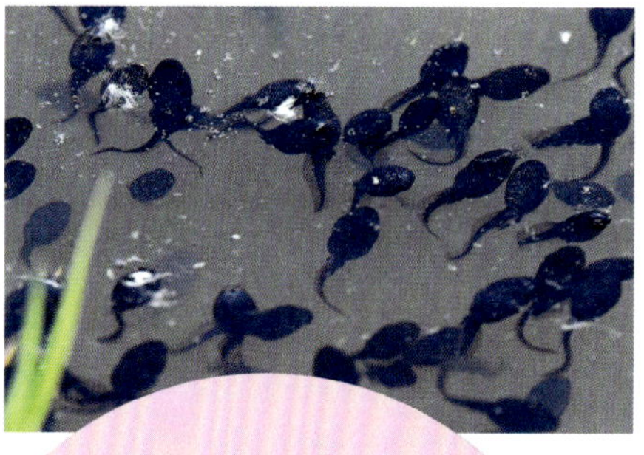

←
Kinderstube Ab Ende März kann man die Kaulquappen im Laichgewässer beobachten. Es dauert etwa acht Wochen, bis sie sich in Kröten verwandelt haben.

IM GARTEN

Erdkröten mögen als Sommerlebensraum strukturreiche Gärten mit Gebüschen und Unterwuchs. Zur Überwinterung dienen Holzstapel, Steinhaufen oder sogar ungeheizte Kellerräume.

DUNKLE ERDHUMMEL 010

Pelzige Sympathieträgerin

WISSENSCHAFTLICH
Bombus terrestris

LÄNGE
9–23 mm

FLUGZEIT
Ende Feb.–Anfang Nov.

LEBENSRÄUME
Gärten, Parks, Waldränder, Wiesen, Brachen

An sonnigen Tagen brummen Erdhummeln schon im März durch den Garten. Die Königinnen sind aus der Winterstarre erwacht und stärken sich zunächst am Nektar von Frühblühern wie Krokussen. Anschließend suchen sie geeignete Nistplätze. Hat eine Königin ein verlassenes Mäusenest im Boden gefunden, das ihr zusagt, formt sie die erste Brutzelle aus Wachs. Die ersten Larven versorgt sie nicht nur fortwährend mit Pollen und Nektar, sondern wärmt sie auch mit ihrem Körper. Wenn die ersten Arbeiterinnen geschlüpft sind, übernehmen sie die Aufgaben des Nestbaus und der Versorgung der Larven. Im Sommer kann das Volk bis zu 600 Individuen umfassen. Meist im Juli schlüpfen Jungköniginnen und Männchen. Nur die begatteten Jungköniginnen überwintern an gut geschützten Orten – und der Kreislauf beginnt von Neuem.

Originalgröße

→ **Verwandtschaft** Männchen der nah verwandten Hellen Erdhummel *(Bombus lucorum)* an Lavendelblüten.

LIEBLINGSFUTTER

Blühender Lavendel ist mit seinem reichen Nektarangebot im Hochsommer ein wahrer Hummelmagnet, der auch die Erdhummelmännchen anlockt. Sie besitzen längere, gebogene Fühler.

ROSTROTE MAUERBIENE

Häufige Bewohnerin von Nisthilfen

Bereits im April legen die Weibchen der Rostroten Mauerbiene ihre Nester in Hohlräumen an. Sie nutzen dafür sehr gern Nisthilfen wie Bambusröhren oder Bohrlöcher in Holzblöcken. Bis zu 20 Nistzellen werden meist linienartig hintereinander angelegt und mit Pollen und Nektar verschiedener Blütenpflanzen bestückt. Die Zwischenwände und die äußere Abschlusswand werden aus Lehm gefertigt, den die Weibchen an feuchten Bodenstellen aufsammeln. In jeder Nistzelle entwickelt sich eine Bienenlarve und verpuppt sich in einem selbst gesponnenen hellbraunen Kokon. Aus der Puppe schlüpft noch vor dem Winter die erwachsene Biene, verlässt das Nest aber erst im folgenden Frühling. Nistplätze findet sie durchs offene Fenster gelegentlich auch in Wohnräumen, etwa in Regallöchern oder Musikinstrumenten. Mauerbienen sind im Frühjahr wichtige Bestäuber von Obstbäumen.

WISSENSCHAFTLICH
Osmia bicornis

LÄNGE
8–13 mm

AKTIVITÄT
April–Juni

LEBENSRÄUME
Gärten, Parks, Hecken, Waldränder, Streuobstwiesen

Pollen Die Rostrote Mauerbiene sammelt den Pollen verschiedener Pflanzen, hier Löwenzahn.

Originalgröße

FRÜH DRAN

Schon ab März ist die ähnliche Gehörnte Mauerbiene (*Osmia cornuta*) an Nisthilfen aktiv. Mit ihrer dichten Behaarung – vorn schwarz, hinten leuchtend rotbraun – ist sie sehr auffällig.

BLAUSCHWARZE HOLZBIENE

Die Riesin unter den Bienen

♀

WISSENSCHAFTLICH
Xylocopa violacea

LÄNGE
20–28 mm

AKTIVITÄT
März–Nov.

LEBENSRÄUME
Gärten, Parks, Streuobstwiesen, Waldränder

Immer häufiger wird die Blauschwarze Holzbiene in Gärten beobachtet: Von den wärmebegünstigten Flusstälern im Südwesten Deutschlands hat sie sich innerhalb weniger Jahre bis an die Küsten von Nord- und Ostsee ausgebreitet. Großblütige Pflanzen wie Wicken, Blauregen oder Muskatellersalbei locken unsere größte heimische Wildbiene an.

Brütet in Totholz In hartes Totholz nagt sie im Mai mit ihren kräftigen Kiefern fingerdicke Gänge und legt darin Brutzellen an, die sie jeweils mit einer Masse aus Pollen und Nektar als Futtervorrat für ihre Larven bestückt. Im Juli schlüpfen die Holzbienen der neuen Generation und begegnen dann manchmal sogar noch ihren Müttern. Männchen und Weibchen überwintern in Verstecken und paaren sich erst im folgenden Frühjahr. An milden, sonnigen Tagen fliegen sie manchmal sogar im Winter ums Haus.

Originalgröße

TOTHOLZ
Lässt man den Stamm eines abgestorbenen Obstbaums im Garten stehen, bietet er nicht nur dieser Art einen guten Nistplatz Ideal ist außerdem hartes Totholz an einem sonnigen Platz.

Fühlerspitzen des Männchens s-förmig gebogen und orange geringelt

Männchen sind grau behaart.

→ **Nektarraub** Dieses Weibchen sticht von außen in die Blütenröhre des Gartengeißblatts und „raubt“ den Nektar.

GEMEINE FEUERWANZE

Massenversammlungen in Schwarz-Rot

Sie sind erste Frühlingsboten und begleiten uns im Garten durch das gesamte Sommerhalbjahr: Feuerwanzen versammeln sich am Fuße von Bäumen oder Mauern bei Sonnenschein bereits im Februar/März in großer Zahl, um sich gemeinschaftlich aufzuheizen. Ihre kontrastreiche schwarzrote Färbung ist ein deutliches Warnsignal, dass sie ungenießbar sind. Die Versammlungen dienen zugleich der Partnerfindung. Im gesamten Frühjahr zeigen sich immer wieder Pärchen von Feuerwanzen, die oft stundenlang an den Hinterenden miteinander verbunden sind. Die Eier werden in Bodennähe abgelegt, und im Hochsommer zeigen sich dann die leuchtend hellroten Larven gemeinsam mit erwachsenen Tieren beim Sonnenbad. Wittert in den Massenversammlungen der Feuerwanzen ein Tier Gefahr, sendet es Alarmpheromone aus, und alle laufen hektisch auseinander.

WISSENSCHAFTLICH
Pyrrhocoris apterus

LÄNGE
9–12 mm

AKTIVITÄT
Jan.–Nov.

LEBENSRÄUME
Gärten, Parks, Brachen, Waldränder

PFLANZENSÄFTE

Feuerwanzen saugen vorwiegend an herabgefallenen Pflanzensamen, und zwar bevorzugt von Linden und Malvengewächsen. Ihren Proteinbedarf stillen sie an toten Insekten oder Regenwürmern.

Verbunden Im Frühjahr paaren sich die Feuerwanzen.

oft in großen Gruppen

FELDMAIKÄFER

Das große Krabbeln

WISSENSCHAFTLICH
Melolontha melolontha

LÄNGE
20–30 mm

AKTIVITÄT
April–Juni

LEBENSRÄUME
Gärten, Parks, Wälder

Originalgröße

Wieder da Nachdem Maikäfer über Jahrzehnte durch Bekämpfungsmethoden mit Insektiziden dezimiert wurden, gibt es sie inzwischen wieder etwas häufiger. Ab Ende April krabbeln sie aus der Erde, wo sie schon seit dem Herbst des Vorjahres sehnsüchtig auf die Frühlingswärme warten, und fliegen in der Abenddämmerung um Häuser und Bäume. Die erwachsenen Käfer fressen die Blätter von Laubbäumen. Ihre weißen Larven mit der typischen gekrümmten Gestalt bezeichnet man als Engerlinge. Sie brauchen drei bis vier Jahre für ihre Entwicklung im Erdboden, wo sie sich von Pflanzenwurzeln ernähren. Man findet sie gelegentlich beim Umgraben.

Noch häufiger ist im Garten ein naher Verwandter, der Gartenlaubkäfer (*Phyllopertha horticola*, 8 bis 11 mm), auch als Junikäfer bezeichnet. Er ist kleiner als der Maikäfer und gut an seinem grünen Kopf und Halsschild erkennbar.

VOGELFUTTER

Engerlinge von Mai- und Junikäfern stellen eine wichtige Nahrungsquelle für viele Tiere im Garten dar. Stare stochern auf Rasenflächen unablässig nach ihnen und füttern damit ihren Nachwuchs.

↓ **Porträt** eines männlichen Feldmaikäfers

← **Junikäfer** wird der Gartenlaubkäfer auch genannt. Kopf und Halsschild sind bei ihm grün.

SCHARBOCKSKRAUT

Reich an Vitamin C

Die herzförmigen Blätter erscheinen im Frühjahr oft in großen Gruppen als erstes Grün am Boden in feuchteren Laubwäldern. Wenig später folgen die Blüten. Scharbock ist eine alte Bezeichnung für die Vitamin-C-Mangelkrankheit Skorbut. Die zeitig im Frühling erscheinenden Blätter enthalten viel Vitamin C und wurden früher als Mittel gegen diese Krankheit gegessen. Auch Seefahrer haben die eingelegte Pflanze als Vitaminquelle auf große Fahrt mitgenommen.
Zu Beginn der Blüte enthalten die Pflanzen bereits größere Mengen Protoanemonin und sind leicht giftig, dann sollte man sie nicht mehr essen.

WISSENSCHAFTLICH
Ficaria verna

WUCHSHÖHE
5–20 cm

BLÜTEZEIT
März–Mai

STANDORT
Wälder, Gebüsche, Waldsäume, Auwiesen

↑ **Die Wurzelknollen** wurden früher gegen Warzen eingesetzt.

BRUTKNÖLLCHEN

In den Blattachseln entstehen kleine Verdickungen. Diese Brutknöllchen fallen ab und es wächst eine neue Pflanze daraus. So verbreitet sich das Scharbockskraut auch ohne Samen.

HUFLATTICH

Die Blüten kommen zuerst

WISSENSCHAFTLICH
Tussilago farfara

WUCHSHÖHE
7–30 cm

BLÜTEZEIT
März–April

STANDORT
offene Böden, Ufer, feuchte Äcker

Frühlingsbote Wenn sich die blattlosen, beschuppten Blütenstiele des Huflattichs mit den feinstrahligen Blüten aus dem Boden schieben, beginnt offiziell der Erstfrühling. Die Blütenstiele strecken sich über die Blütezeit immer weiter und biegen sich, bis sie nicken und verblühen. Wenn die fallschirmartigen Früchte gereift sind, richtet sich die Pflanze zur Pusteblume wieder auf. Dann erst erscheinen auch die großen Blätter, die den Sommer über bestehen bleiben.

Altes Heilkraut Huflattich ist ein altbekanntes Heilmittel gegen Husten, enthält aber nach neuen Erkenntnissen auch leberschädigende und krebserregende Pyrrolizidin-Alkaloide. Für medizinische Anwendungen werden daher Sorten ohne Alkaloide gezüchtet.

WALDMEISTER

Schmeckt nach Mai

Wächst in Buchenwäldern Der Waldmeister ist eng an Buchenwälder auf leicht kalkhaltigen Böden gebunden und ist dort so charakteristisch, dass nach ihm der Lebensraumtyp Waldmeister-Buchenwald benannt ist. Beim Trocknen der Blätter entfalten diese einen aromatischen Duft, der vom dabei entstehenden Cumarin stammt. Schon die Wikinger würzten mit getrocknetem Waldmeister ihr Bier, was auch in Deutschland verbreitet war und erst mit dem Reinheitsgebot von 1516 endete.

Maibowle Eine lange Tradition hat Waldmeister auch als Zutat in der Maibowle. Allerdings muss das Kraut dabei genau dosiert werden, denn sonst wirkt es giftig und führt zu Kopfschmerzen, Schwindel und Übelkeit, sehr stark überdosiert auch zu Atemlähmung und Koma.

WISSENSCHAFTLICH
Galium odoratum

WUCHSHÖHE
15–30 cm

BLÜTEZEIT
Mai–Juni

STANDORT
krautreiche Laubwälder, besonders Buchenwälder

← **Der Duft** entsteht erst, wenn man das Kraut eine Weile anwelken lässt.

WALD-SAUERKLEE

Führt gerne ein Schattendasein

WISSENSCHAFTLICH
Oxalis acetosella

WUCHSHÖHE
5–12 cm

BLÜTEZEIT
April–Mai

STANDORT
krautreiche Wälder und Forste, subalpine Hochstaudenfluren

Der säuerliche Geschmack des Klees sorgt auf Wanderungen für eine kleine Erfrischung. Die Blätter und Blüten eignen sich auch hervorragend für Salate, Kräutersoßen, Kartoffel-, Fisch- und Gemüsegerichte und überall da, wo man Zitrone verwendet. Die etwas zerquetschten Blätter in Wasser eingelegt ergeben ein erfrischendes und durstlöschendes Getränk. Die noch grünen Samen verwendet man als Gewürz mit Zitronenaroma. Vorsicht: Der Sauerklee enthält Oxalsäure und sollte nicht in größeren Mengen gegessen werden.

Auf und zu Der Sauerklee kann seine Blätter den Lichtverhältnissen anpassen. Im Schatten breitet er sie weit aus, um möglichst viel Licht einzufangen. Wird er direkt von der Sonne beschienen, wird es ihm aber auch gerne mal zu viel, und er klappt die Blättchen nach unten.

↑ **Erfrischung** Die jungen Blättchen sind beim Spaziergang im Wald erfrischend und lecker.

MAG'S SCHATTIG

Der Sauerklee ist die Blütenpflanze, die den meisten Schatten verträgt. Sie wächst vor allem auf leicht sauren Böden in sehr schattigen Laub- und Mischwäldern.

MAIGLÖCKCHEN

Hübsch, aber giftig

Duftende Glöckchen An halbschattigen Stellen im Wald und in Gebüschen erscheinen im Vollfrühling die Blütentrauben der Maiglöckchen. Oft wachsen sie in großen Gruppen. Die ganze Pflanze enthält stark giftige Saponine und Glykoside, was besonders wegen der Ähnlichkeit der Blätter zum essbaren Bärlauch gefährlich ist. Früher wurde die Pflanze in exakter Dosierung zur Behandlung von Herzkrankheiten eingesetzt, hat aber heutzutage keine medizinische Bedeutung mehr, da ähnliche Wirkstoffe aus dem Roten Fingerhut besser dosierbar und wirksamer sind.

Beliebtes Motiv In früheren Jahrhunderten ließen sich berühmte Ärzte oft mit einem Maiglöckchen porträtieren und auch als Marienpflanze ist sie in der kirchlichen Malerei ein häufiges Motiv.

WISSENSCHAFTLICH
Convallaria majalis

WUCHSHÖHE
10–20 cm

BLÜTEZEIT
Mai–Juni

STANDORT
Laubwälder, Waldränder, Gebüsche

↑ **Frühlingsboten** Das Maiglöckchen bildet – ähnlich wie der Bärlauch – dichte Bestände. Wenn es blüht, kann man sie nicht mehr verwechseln.

BÄRLAUCH

Den Geruch kennt jeder

WISSENSCHAFTLICH
Allium ursinum

WUCHSHÖHE
20–50 cm

BLÜTEZEIT
Mai–Juni

STANDORT
Laubwälder und Gebüsche

In Au- und Buchenwäldern auf feuchtem, kalkhaltigen Untergrund bedecken die Blätter des Bärlauchs im Frühjahr oft den ganzen Waldboden und verströmen einen kräftigen Knoblauchgeruch.

Der Bärlauch ist ein sehr beliebtes Wildgemüse und wird zum Beispiel zu Pesto oder Kräuterbutter verarbeitet oder in Brotteig eingebacken. Beim Sammeln ist allerdings unbedingt darauf zu achten, dass nicht die Blätter des ähnlichen, aber sehr giftigen Maiglöckchens (Seite 34) oder der Herbstzeitlosen (Seite 125) gepflückt werden. Darum nicht nur auf den Knoblauchgeruch verlassen (siehe Tipp). Die beste Zeit für die Suche nach den aromatischen Blättern ist im März und April, bevor die Blüten erscheinen.

Knoblauchwiese Fast kann man es riechen, wie der ganze Frühlingswald nach Knoblauch duftet.

MERKMALE

1. Die Unterseite ist matt, die Oberseite glänzt.
2. Die Blattrippe knackt, wenn man sie knickt.
3. Jedes Blatt hat seinen eigenen Stil.
4. Riecht nach Knoblauch.

VEILCHEN

Nur eine Art duftet

Verschiedene Arten Bei uns wachsen einige verschiedene Veilchenarten, doch nur das hier gezeigte Duftveilchen riecht so unglaublich gut. Ursprünglich stammt das Veilchen aus dem Mittelmeergebiet, wurde aber wegen seines intensiven Duftes schon vor langer Zeit eingebürgert.

Rundum lecker Während die Blätter gut in einen Wildkräutersalat passen oder als Zutat für Suppen und Dipps verwendet werden, nutzt man die Blüten vor allem zum Aromatisieren. Man kann mit ihnen Milchreis eine interessante Note verleihen und Sirup, Bowle oder Essig damit herstellen. Eine besondere Spezialität sind die kandierten Blüten, die schon Kaiserin Sisi ganz besonders gern gemocht haben soll. Sie eignen sich auch gut zur Dekoration von Süßspeisen. Ein Tee aus den Blüten wird hübsch blau.

WISSENSCHAFTLICH
Viola odorata

LÄNGE
5–10 cm

BLÜTEZEIT
März–April

LEBENSRÄUME
Säume, Gebüsche, Gärten

← **Veilchenzucker** eignet sich zum Süßen von Desserts oder Gebäck.

↑ **Von Sisi geliebt** Veilchenblüten werden zum Kandieren mit einer Zuckerlösung bepinselt.

GIERSCH

Der mit der 3-3-3-Regel

WISSENSCHAFTLICH
Aegopodium podagraria

LÄNGE
50–90 cm

BLÜTEZEIT
Juni–Juli

LEBENSRÄUME
feuchte Wälder, Gärten, Parks

Ganz schön hartnäckig Er ist ursprünglich eine Waldpflanze, hat aber in Parks und Gärten eine zweite Heimat gefunden und gilt dort wegen der schnellen Vermehrung über Ausläufer als Unkraut. Von vielen Gartenbesitzern wird der Giersch erbittert bekämpft, oft mit wenig Erfolg. Werden die oberen Pflanzenteile abgeschnitten oder ausgerissen, so treiben aus den verzweigten Ausläufern im Boden immer wieder neue Pflanzen aus. Und selbst wenn die Wurzeln aus dem Boden gesiebt werden, so verbleiben immer noch die Samen, die mehrere Jahre keimfähig sind.

Genau bestimmen Giersch ist essbar und schmeckt wie eine Mischung aus Möhre und Petersilie. Da er vielen anderen giftigen Doldenblütlern sehr ähnlich sieht, achte beim Bestimmen immer auf die 3-3-3-Regel – die gilt nur für den Giersch. Falls du dir nicht sicher bist: Finger weg!

3-3-3-REGEL
Die Blätter sind dreiteilig gefiedert und das Endblatt besteht wiederum aus drei Teilblättchen. Außerdem ist der Blattstiel im Querschnitt dreieckig.

ESSBARE WILDPFLANZEN

Fang dir den Frühling ein

Frisch und duftend
Keine Jahreszeit duftet so berauschend wie der Frühling, alles ist so herrlich frisch grün. Irgendwie möchte man sich diesen Duft und diesen Geschmack gerne für das ganze Jahr bewahren. Kein Problem: Viele Frühlingsaromen kannst du auf unterschiedliche Weise einfangen und haltbar machen.

Kräuterpesto
Den Klassiker aus Basilikum kennt jeder, aber auch aus essbaren Wildkräutern kann man diese leckere Würzpaste herstellen. Bärlauch, Giersch und Knoblauchsrauke eignen sich sehr gut dafür, du kannst aber auch mit anderen Kräutern und Mischungen daraus experimentieren.

Mit der einfachen 1:1:1-Rezeptur machst du wenig falsch. Dafür jeweils die gleiche Menge Kräuter, Olivenöl und Nüsse in einem Mixer zu einem cremigen Pesto pürieren.

Blütensirup
Das Aroma duftender Blüten und Kräuter kannst du in einem Sirup einfangen. Dafür ein Kilo Zucker und ein Esslöffel Zitronensäure in einem Liter heißem Wasser auflösen und abkühlen lassen. Nun eine in Scheiben geschnittene Biozitrone und zwei bis drei Handvoll Blüten deiner Wahl dazugeben, z. B. Mädesüß, Holunder, Wasserminze, Linde oder die hellgrünen Triebspitzen der Fichte. 24 Stunden abgedeckt stehen lassen, absieben, erhitzen und in Flaschen füllen.

← **Pesto** bleibt länger haltbar, wenn man die Oberfläche mit einer dünnen Schicht Öl begießt.

← **Kräuteröl** Aromatische Kräuter und Blüten kann man ganz einfach in Öl einlegen. Dabei darauf achten, dass alle Pflanzenteile mit Öl bedeckt sind.

PROJEKT REGENBOGENSALZ

Du brauchst

- essbare Blüten und Blätter, z. B. Veilchen, Klatschmohn, Rotklee, Hundsrose, Birke, Brennnessel
- grobes Meersalz
- Mörser oder Mixer
- Schraubgläschen

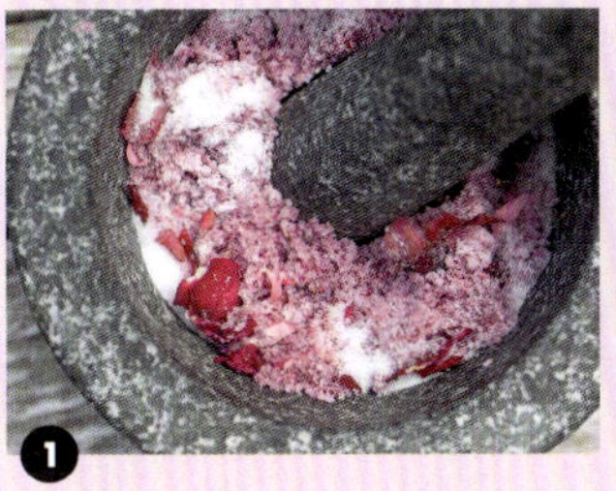

1

2

So geht's

1 Gib Salz und Blüten oder Blätter zu gleichen Teilen in einen Mörser oder Mixer und vermenge alles sehr gut miteinander. Breite das Salz auf einem Tablett aus und lass es gut trocknen.

2 Verwende immer nur eine Sorte Blüten oder Blätter, so erhältst du verschiedenfarbige Salze.

3 Fülle das Salz schichtweise in kleine Schraubgläser und verschließe sie gut.

3

Auf diese Weise kannst du über das Jahr hinweg immer wieder ein anderes Salz zubereiten und hast eine schöne, schmackhafte Erinnerung oder ein hübsches Geschenk.

Oxymel
Der „Sauerhonig", eine Mischung aus Apfelessig, Honig und Kräutern, wurde schon vor über zweitausend Jahren als Heilmittel zubereitet. Mische dafür drei Teile Honig mit einem Teil Apfelessig und gib dann so viel klein geschnittene Kräuter hinzu, dass diese noch frei schwimmen können. Nach drei bis vier Wochen ist das Oxymel fertig, das man teelöffelweise pur oder mit Wasser oder Tee gemischt zu sich nehmen kann. Probiere es auch einmal als Zusatz zum Salatdressing. Zahlreiche Kräuter – einzeln oder gemischt – sind gut geeignet: Thymian, Salbei, Dost, Kamille, Spitzwegerich, Rotklee, Schafgarbe.

↑ **Holunderblütensirup** Bevor du die Blüten in die Zuckerlösung gibst, lass sie einige Zeit offen liegen. So haben kleine Krabbeltiere die Chance zu entkommen.

BIRKE

Die mit der weißen Borke

Pionierbaum Brachflächen werden von der Birke, genauer gesagt der Hängebirke, sofort erobert. In den ersten Jahrhunderten nach der Eiszeit war sie deshalb die dominierende Baumart. Die Hängebirke ist durch ihre weiße Borke, die sich in papierdünnen Schichten abziehen lässt, unverwechselbar.

Die Birke wird vielseitig genutzt. Das helle Holz verwendet man gerne für Möbel, und es ist ein ideales Brennholz, da es wegen der ätherischen Öle in der Rinde auch im frischen Zustand gut brennt. Schon in der Altsteinzeit wurde aus der Rinde Birkenpech hergestellt, ein sehr guter Klebstoff. Es lassen sich auch Dosen, Körbe und ganze Kanus daraus bauen. Im Frühjahr, wenn der Baumsaft in die Krone steigt, können mehrere Liter vom leicht süßlichen Birkensaft geerntet werden.

WISSENSCHAFTLICH
Betula pendula

WUCHSHÖHE
bis 25 m

BLÜTEZEIT
Mai–Juni

STANDORT
helle Laub- und Mischwälder, Heiden, Sandböden

NASSE FÜSSE

Wo es der Hängebirke zu nass wird, wächst die nahe verwandte Moorbirke, die aber keine weiße Borke hat. Sie kommt auf dauerhaft feuchten Standorten besser zurecht.

Flugfähig Die Birke bildet unzählige geflügelte Samen, die vom Wind weit verbreitet werden.

FORSYTHIE

Goldener Frühlingsbote

WISSENSCHAFTLICH
Forsythia x intermedia

BLÜTEZEIT
März–Mai

WUCHSHÖHE
2–3 m

STANDORT
Gärten, Parks, sehr anspruchslos, gerne sonnig

Die goldgelben Blüten der Forsythie leuchten bereits ab etwa März weithin sichtbar, während die meisten Bäume und Sträucher noch kahl sind. Der Strauch, der auch Goldglöckchen genannt wird, ist sehr anspruchslos, wächst auf fast jedem Boden und ist gut schnittverträglich. Daher ist er in Gärten und Parks so beliebt.

Nichts zu holen Wir freuen uns über diesen Frühlingsboten, doch für Insekten, die schon so früh im Jahr unterwegs sind, ist er leider ein totaler Reinfall: Die meisten Arten, die bei uns in den Gärten wachsen, sind sterile Hybride. Das heißt, sie bilden weder Pollen noch Nektar, Insekten finden hier also keine Nahrung. Daher ist es ratsam, als Alternative zur Forsythie direkt Kornelkirschen zu pflanzen.

Tapfer Die Blüten der Forsythie trotzen auch mal spätem Schneefall.

STARTHILFE

Pflanze natürliche Nektarquellen als Starthilfe für Insekten im Frühjahr, z. B. Kornelkirsche, Purpurrote Taubnessel, Gundermann, Schlüsselblume oder Buschwindröschen.

KORNELKIRSCHE

Hat das härteste Holz

Ihr Holz schwimmt nicht Wegen ihrer essbaren, leicht säuerlichen Steinfrüchte wurde die Kornelkirsche schon zu römischen Zeiten hierzulande eingebürgert – ursprünglich stammt sie aus Südosteuropa und Asien. Heute werden vor allem Marmelade, Saft und auch Obstbrand (Dirndelschnaps) daraus gemacht. Aber nicht nur die Früchte werden genutzt. Die Kornelkirsche hat das härteste Holz in ganz Europa und wurde früher gerne für Werkzeuge, Holznägel und Waffen verwendet. So soll auch der Bogen des Odysseus daraus gemacht gewesen sein. Das Holz ist so schwer, dass es im Wasser untergeht.

WISSENSCHAFTLICH
Cornus mas

BLÜTEZEIT
März–April

WUCHSHÖHE
2–5 m

STANDORT
Auwälder, lichte Eichenwälder, Parks

NEKTARTANKSTELLE

Die Kornelkirsche ist eines der ersten Gehölze, das im Frühjahr blüht. Die goldgelben Blüten liefern im März und April den ersten Nektar für hungrige Insekten.

↑ **Begehrt** Während die Blüten im Frühjahr Nektar für die Insekten liefern, freuen sich im Herbst viele Vögel über die reifen Früchte der Kornelkirsche.

LÄRCHE

Wirft die Nadeln ab

WISSENSCHAFTLICH
Larix decidua

WUCHSHÖHE
bis 35 m

BLÜTEZEIT
März–Juni

STANDORT
Alpen, wird als Forstbaum gepflanzt

Kommt aus den Bergen Die Europäische Lärche kommt eigentlich nur im Hochgebirge vor. Sie ist so frosthart wie kaum eine andere Baumart. Mit ihrer Herzwurzel kann sie sich tief im Boden verankern und steht auch bei Sturm und Schnee stabil. Lärchenholz ist extrem fest, langlebig und widerstandsfähig, man verwendet es für Dachschindeln, Terrassen oder auch ganze Häuser.

Insektenmagnet In der Baumkrone der Lärche herrscht eine große Artenvielfalt. Man hat um die 150 verschiedene Käferarten dort gezählt, außerdem dienen die Nadeln zahlreichen Nachtfaltern als Raupenfutter. Vögel fressen gerne die Samen aus den Zapfen.

→

Lärchenzapfen Die weiblichen Blüten sind knallpink. Später entwickeln sich daraus die kugeligen Zapfen, die aufrecht an den Zweigen sitzen.

WIRD KAHL

Die Lärche ist der einzige einheimische Nadelbaum, der im Winter die Nadeln abwirft. Davor bekommt sie noch eine weithin sichtbare, leuchtend goldgelbe Herbstfärbung.

weiche Nadeln in kleinen Büscheln

Nix wie raus im SOMMER

Nix wie raus im

SOMMER

Es wird heiß
Die Sonne strahlt vom blauen Himmel, es duftet nach Heu und manchmal auch nach Sommerregen. Die Natur ist auf ihrem Höhepunkt, die Tage sind fast endlos lang und man möchte am liebsten die ganze Zeit draußen sein. Wer jetzt durch blühende Wiesen streift, entdeckt jede Menge Schmetterlinge.

Abkühlung gefällig?
Wem es zu heiß wird, den zieht es ans Wasser: Über Tümpel und Teiche flitzen schillernde Libellen. Auch im schattigen Wald findet man Abkühlung. Hier kehrt im Sommer oft schon Ruhe ein und unter den Bäumen genießen wir den Schatten. Hier herrschen auch in der Sommerhitze angenehme Temperaturen und die Luft ist frisch und aromatisch. Immer noch zu warm? Dann warte, bis es dunkel wird, und geh auf eine Entdeckungstour in der Dämmerung: Du hörst die Grillen zirpen, Fledermäuse flattern durch die Luft und Glühwürmchen leuchten im Dunkeln.

DAS BESTE AM SOMMER

- Die Mauersegler flitzen durch die Luft.
- Schmetterlinge gaukeln von Blüte zu Blüte.
- Walderdbeeren pflücken.
- Auf einer Wiese liegen und die Wolken beobachten.
- Die Füße in einem plätschernden Bächlein kühlen.
- Eine Nachtwanderung machen.
- Und endlich Ferien!

Wald- und Wiesenapotheke
Wer sich auf seinen Entdeckungstouren die eine oder andere kleine Blessur einfängt, dem helfen jetzt viele Wildkräuter, in denen die ganze Kraft des Sommers steckt. Und wer schlau ist, der sammelt schon mal für die Hausapotheke, um gesund durch die dunkle Jahreszeit zu kommen. Tipps dazu findest du auf den Seiten 84 und 85.

→ **Abkühlung** Im Wald ist es herrlich schattig und die Luft ist frisch und kühl. Wer traut sich mit den Füßen in den kalten Bach?

↓ **Beerenkette** Fädle Walderdbeeren auf einen Grashalm und lass dir das „Sommerdiadem" schmecken.

BLÜHMISCHUNG

Wenn du auch so eine tolle Blumenwiese im eigenen Garten haben willst, besorge dir eine Samenmischung mit einheimischen Arten. Wächst auch im Topf oder Balkonkasten.

← **Blumenwiese** Im Sommer berauschen wir uns an den Farben der bunt blühenden Sommerblumen.

BUCHFINK

011

Sänger mit Dialekten

„Spitzensänger“ Der Buchfink ist sowohl in Wäldern als auch in Gärten und Parks sehr häufig. Beim Baden in Pfützen oder an Wasserstellen können wir ihn leicht beobachten. Seine Lieder trägt das Männchen von einem freistehenden Ast oder einer Baumspitze vor. Vogelstimmenexperten können hören, woher er kommt, denn seine Lautäußerungen klingen in verschiedenen Regionen Europas leicht unterschiedlich. Die Jungen ahmen den ortsüblichen Dialekt der Eltern nach. Zur Brutzeit sind Buchfinken einzeln oder im Familienverband unterwegs. Im Winterhalbjahr treten sie auch in größeren, häufig gemischten Vogelschwärmen auf.

♀

WISSENSCHAFTLICH
Fringilla coelebs

LÄNGE
14–16 cm

BEI UNS
ganzjährig

BRUT
1–2 x im Jahr; Napfnest in Bäumen und Sträuchern

BODENSTÄNDIG

Buchfinken können wir vor allem außerhalb der Brutzeit im Garten beobachten. Dann suchen sie am Boden des Futterplatzes oder unter verblühten Stauden nach Samen aller Art.

↑ **Unauffällig** Das Weibchen ist unscheinbar bräunlich.

MÄNNCHEN

GRÜNFINK 012

Grün sind alle seine Kleider

WISSENSCHAFTLICH
Chloris chloris

LÄNGE
14–16 cm

BEI UNS
ganzjährig

BRUT
2–3 x im Jahr; Napfnest in Bäumen und Kletterpflanzen

Kräftiger Schnabel Der Grünfink ernährt sich von Knospen, Blüten und Blättchen, Samen, Beeren und Früchten. Sein kräftiger, hoher und konischer Schnabel ermöglicht ihm das Öffnen oder Zerdrücken von Schoten, Kapseln und fleischigen Früchten. An der Futterstelle können wir beobachten, wie geschickt er die Samen von Sonnenblumen öffnet und die Kerne mit der Zunge herauspult.

Kämpfernatur Grünfinken sind bekannt für ihre Durchsetzungskraft. Mit Drohgebärden und Schnabelhieben behaupten sie ihre Position am Vogelhäuschen. Der trillernde Gesang mit den charakteristischen quetschenden Lauten wird im Singflug oder aus hohen Bäumen vorgetragen.

→ **Streitereien** Am Futterhaus geht es manchmal richtig hoch her.

MÄNNCHEN

ZAUNKÖNIG

013

klein, aber lautstark

Laut und schmetternd erschallt sein Gesang – der Zaunkönig macht durch Stimmgewalt wett, was ihm an Größe fehlt. Sein Lebensraum sind Wälder, Feldgehölze, Parks und Gärten mit reichlich Unterbewuchs. Dort lebt er in Bodennähe und huscht auf der Suche nach Insekten oder Spinnen unauffällig wie eine Maus durch das Gestrüpp. Der Schwanz ist kurz und häufig nach oben gestellt. Bei Erregung wippt und zuckt der Federball mit dem ganzen Körper.

Dichtes Fassadengrün aus Efeu und Wildem Wein oder ein Totholzhaufen, achtlos in einer wilden Gartenecke aufgetürmt, dienen dem Zaunkönig als Brutplatz und Versteck. Das Männchen baut mehrere Backofennester, geschlossene Kugeln mit seitlicher Eingangsröhre, und bietet sie dem Weibchen zur Auswahl an. Dieses darf entscheiden und übernimmt den Innenausbau.

WISSENSCHAFTLICH
Troglodytes troglodytes

LÄNGE
9–10,5 cm

BEI UNS
ganzjährig

BRUT
2 x im Jahr; Backofennest in Bodennähe unter Holz oder in dichten Sträuchern

↑ **Gut versteckt** hat der Zaunkönig sein Nest in dichtem Efeu gebaut.

MAUERSEGLER

014

Ein Leben im Flug

WISSENSCHAFTLICH
Apus apus

LÄNGE
17–18,5 cm

BEI UNS
Mai–max. Sep.

BRUT
1 x im Jahr; flache Nestschale in Nischen an Gebäuden, in Baumhöhlen und Nistkästen

Rufe des Sommers! Mauersegler prägen unseren Sommerhimmel. In der freien Landschaft, über Dörfern und Städten ertönen die charakteristischen Rufe während ihrer Jagd nach Insekten und winzigen schwebenden Organismen, dem Luftplankton. Mit ihren sichelförmigen Flügeln sind sie perfekt an das Leben in der Luft angepasst. Nur das Brutgeschäft findet an Land statt. Fliegend schlafen sie und trinken von Wasseroberflächen. Sogar die Paarung findet häufig in luftiger Höhe statt. Flügge Jungvögel verlassen ihr Zuhause in Abwesenheit der Eltern. Sie sind sofort autark und können sich selbstständig versorgen.

UNTERMIETER

Biete den Mauerseglern spezielle Nistkästen an einer geschützten Stelle deines Hauses in mindestens 6 bis 7 m Höhe und mit freier An- und Abflugmöglichkeit an.

STOCKENTE 015

Schau aufs blaue Flügelfeld

Warum Stock? Hin und wieder baut die Stockente ihr Nest in Weiden, die auf den Stock geschnitten wurden – dieser Brutplatz führte zu ihrem deutschen Namen. Unsere größte heimische Ente ist aufgrund ihrer Anpassungsfähigkeit hinsichtlich der Niststandorte und ihrer Nahrung weit verbreitet. Ihr Lebensraum sind Gewässer jeder Art, sowohl in der freien Landschaft als auch in Dörfern und Städten.

Allerlei Farben Die Stockente ist die Stammform der Hausente. Bei abweichend gefärbten Enten an Parkgewässern handelt es sich um Mischlinge mit diesen. Das bunte Prachtkleid tragen die Männchen nur im Winter, das sommerliche Schlichtkleid ähnelt dem tarnfarbenen Gefieder der Weibchen. Allerdings kannst du das Männchen im Schlichtkleid an seinem gelblichen Schnabel erkennen. Der Schnabel des Weibchens ist gräulich mit orangegelben Flecken an der Seite.

↓ **Das Männchen** trägt im Winter das farbenfrohe Prachtkleid.

↑ **Das Weibchen** hat ebenfalls den blauen Flügelspiegel. Ansonsten ist es eher schlicht braun gefärbt. Nach dem Schlüpfen sind die Küken mit der Mutter unterwegs.

WISSENSCHAFTLICH
Anas platyrhynchos

LÄNGE
50–60 cm

BEI UNS
ganzjährig

BRUT
1 x im Jahr; Reisignest am Boden, in Bäumen oder Nisthilfen

↑ **Ihre Schwimmhäute** sind in der Trittspur gut sichtbar. Sie verbinden drei Zehen miteinander. Damit kommt die Stockente im Wasser gut voran.

KÖPFCHEN IN DAS WASSER ...

Schwänzchen in die Höh! In Teichen gründeln Stockenten kopfunter und mit aufrechtem Schwanz nach pflanzlicher Nahrung und kleinen Wassertieren.

GRAUREIHER

016

Auf der Lauer

Reglos lauert der Graureiher im Flachwasser und hält Ausschau nach Beute: Fische, Amphibien, Reptilien, Kleinsäuger, Insekten, Krebstiere, Muscheln, Schnecken und gelegentlich ein Vogel bis zur Größe einer Amsel. Häufig können wir ihn auch auf Stoppelfeldern oder Wiesen entdecken. Zuweilen schreitet er bei der Nahrungssuche gemächlich voran, den Blick aufmerksam nach unten gerichtet.

Aufgrund ihrer Vorliebe für Fische wurden Graureiher bis ins 20. Jahrhundert stark verfolgt. Es gab Abschussprämien und ihre Brutkolonien wurden systematisch zerstört. Heute sind sie europaweit unter Schutz gestellt.

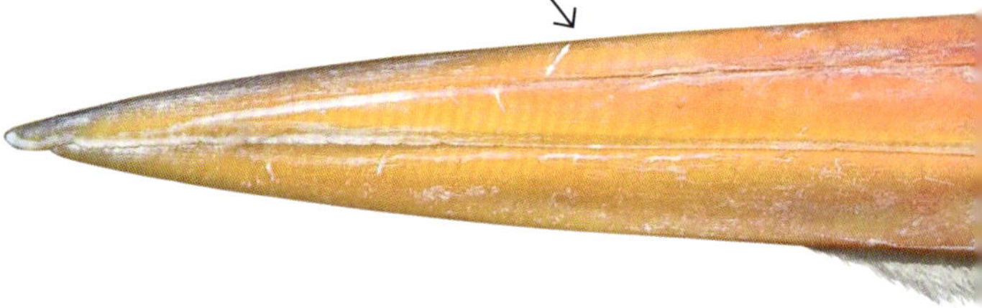

EIN GROSSER ABDRUCK

im Schlamm oder Schnee verrät den Graureiher: Drei Zehen sind nach vorn gerichtet und etwa 9 cm lang. Die Hinterzehe ist nach hinten gerichtet und 6 bis 7 cm lang.

WISSENSCHAFTLICH
Ardea cinerea

LÄNGE
84–102 cm

BEI UNS
ganzjährig

BRUT
1 x im Jahr; Reisignest auf Bäumen, gebietsweise im Schilf

↑ **Geduldig** wartet der Graureiher, bevor er blitzschnell zuschlägt und z. B. einen Fisch erbeutet.

↑ **Jungspund** Die graue Kopfkappe verrät den Jungvogel.

↓ **Im Flug** überragen die Zehen den Schwanz deutlich. Der Hals wird s-förmig gekrümmt und wirkt dadurch dick.

SCHNIRKELSCHNECKE

Variationen an Farben und Bändern

Bunte Vielfalt Schnirkel- oder Bänderschnecken zeigen eine Variabilität wie nur wenige andere Tierarten: Ihre Gehäuse können gelb, rosa oder bräunlich gefärbt sein. Einige tragen ein dunkles Spiralband, andere drei Bänder, viele auch gar keines. Somit gleicht kaum ein Schneckenhaus dem anderen. In unseren Gärten sind zwei Arten sehr häufig: Bei hellem Mündungsrand handelt es sich meist um die Gartenschnirkelschnecke. Ist der Mündungsrand dunkel, ist es die Hainschnirkelschnecke oder die Schwarzmündige Bänderschnecke.

Wählerische Drosseln Das breite Farbspektrum ist wohl der Singdrossel zuzuschreiben: Sie erbeutet die Schnecken regelmäßig und schlägt die Gehäuse auf Steinen auf – die bevorzugten Plätze sind als „Drosselschmieden“ an zahlreichen zerbrochenen Schneckenschalen zu erkennen. Dabei bevorzugt sie bei der Beutesuche jeweils ein bestimmtes Farbmuster und beeinflusst so die Häufigkeit der verschiedenen Farbformen.

WISSENSCHAFTLICH
Cepaea spec.

HAUSDURCHMESSER
bis 22 mm

AKTIVITÄT
März–Okt.; nachts, bei Regen auch tagsüber

LEBENSRÄUME
nahezu überall

NISTPLÄTZE
Leere Schneckenhäuser sollte man liegen lassen, denn sie bieten verschiedenen Wildbienen, zum Beispiel der Zweifarbigen und der Goldenen Schneckenhaus-Mauerbiene, Nistplätze.

←← **Gartenschnirkelschnecke** mit hellem Mündungsrand in der einfarbig gelben Variante ohne Spiralbänder.

← **Hainschnirkelschnecke** mit schwarzem Mündungsrand und einem dunklen Spiralband

WEINBERGSCHNECKE

Die Schnecke mit dem größten Haus

WISSENSCHAFTLICH
Helix pomatia

HAUSDURCHMESSER
bis 50 mm

AKTIVITÄT
April–Okt.; nachts, bei Regen auch tagsüber

LEBENSRÄUME
Wälder, Böschungen, Parks, Gärten

Keine Schädlinge Insbesondere in kalkreichen Gegenden ist die Weinbergschnecke in Gärten häufig anzutreffen. Weinbergschnecken ernähren sich von welken Pflanzenteilen und sind deshalb keine Schädlinge im Garten. Bleibt geschnittenes Gras nach dem Rasenmähen liegen, versammeln sich die Schnecken dort zum Festmahl.

Das Liebesspiel kann man im Mai beobachten: Mit Hilfe von Lockstoffen finden zwei Schnecken zueinander. Dann kriechen sie mit den Sohlen aneinander hoch. Oft stimulieren sie sich stundenlang mit Bewegungen, die an Umarmungen und Küsse erinnern können. Aus dem „Pfeilsack" kann ein kalkiger Liebespfeil in den Fuß der Partnerschnecke gerammt werden. Da Weinbergschnecken Zwitter – also Männchen und Weibchen gleichzeitig – sind, kann jedes Tier ein Samenpaket auf das andere übertragen. Etwa einen Monat nach der Paarung gräbt jede Weinbergschnecke ein Loch, in das sie rund 50 Eier legt.

↑ **Umarmung** Das „Liebesspiel" zweier Weinbergschnecken kann mehrere Stunden dauern.

← **Gut geschützt** Im Winter findet man manchmal Weinbergschneckenhäuser mit festem Kalkdeckel.

OHRWURM

Krabbelt nicht in Ohren

Multifunktionswerkzeuge Der Gemeine Ohrwurm versteckt sich tagsüber gern in dunklen Spalten oder unter Brettern und wird erst in der Nacht so richtig aktiv. Seine zangenförmigen Körperanhänge sind vielseitig einsetzbar: Mit ihnen können Ohrwürmer sich verteidigen, Beute ergreifen oder ihre unter den Flügeldecken verborgenen Hinterflügel entfalten. Das Männchen setzt seine Zangen sogar ein, um damit bei der Paarung das Weibchen anzuheben.

Sehr nützlich Unter Gärtnern gilt der Ohrwurm als Nützling, weil er Blattläuse und Spinnmilben verzehrt. Um ihn zu fördern, werden als „Behausungen" traditionell gern umgedrehte Pflanztöpfe, die mit Strohbündeln gefüllt sind, in Obstbäume gehängt. Wie du selbst ein Ohrwurm-Hotel bauen kannst, zeigen wir auf den Seiten 116 und 117. Im Weinanbau macht sich der Ohrwurm allerdings bei massenhaftem Auftreten manchmal unbeliebt, weil er auch gerne an reifen Trauben nascht.

WISSENSCHAFTLICH
Forficula auricularia

LÄNGE
10–17 mm

AKTIVITÄT
März–Nov.; nachts

LEBENSRÄUME
Gärten, Wiesen, Wälder

Originalgröße

BRUTPFLEGE

Ohrwurm-Weibchen betreiben Brutpflege, indem sie das Gelege belecken und die Larven füttern. Unter Steinen und Blumentöpfen kann man im Frühjahr solche Ohrwurm-Familien antreffen.

↓ **Beste Mama** Dieses Ohrwurm-Weibchen betreut seinen Nachwuchs. Ihre Zangen sind kleiner als die des Männchens.

LEUCHTKÄFER

Besser bekannt als Glühwürmchen

WISSENSCHAFTLICH
Lamprohiza splendidula

LÄNGE
8–10 mm

AKTIVITÄT
Juni–Juli; nachts

LEBENSRÄUME
Gärten, Parks, lichte Wälder, Waldränder

Originalgröße

Leuchtsignale Werden Rasenflächen und Gebüschränder im Garten nicht zu intensiv gepflegt, sind die Voraussetzungen günstig, dass sich Glühwürmchen einstellen. In warmen Nächten schweben sie im Juni und Juli als grünlich gelbe Lichtpunkte umher. Dabei handelt es sich um die Männchen des Kleinen Leuchtkäfers, die ihr Licht im Flug an- und ausschalten können. Sie besitzen dunkle Flügeldecken, ihr Leuchtorgan tragen sie unterseits nahe am Hinterleibsende. Die Flügel der Weibchen sind so stark reduziert, dass sie flugunfähig sind. Weibchen sind weißlich gefärbt, sitzen nachts regungslos am Boden und leuchten mit ihrem Hinterleib, um Männchen anzulocken.

dunkle Flügeldecken

Halsschild überragt den Kopf, teilweise transparent

MÄNNCHEN

LICHT AUS

Glühwürmchen sind in vielen Regionen selten geworden. Gartenbeleuchtung, etwa in Form von Leuchtdioden im Rasen, stört sie bei der Partnerfindung und sollte im Sommer unterbleiben.

Würmchen Das flügellose Weibchen leuchtet in Sommernächten am Boden und sieht tatsächlich fast wie ein Wurm aus.

Weibchen Beim Großen Leuchtkäfer, der in trockenwarmen Lebensräumen vorkommt, leuchten nur die flugunfähigen Weibchen.

WESPE 017

Ungeliebter Nützling

Insektenjäger Süße Speisen und Getränke, aber auch Grillfleisch locken zwei Wespenarten magisch an: die Gemeine Wespe und die Deutsche Wespe. Damit haben sie – zu Unrecht – die ganze Insektengruppe in Verruf gebracht, denn alle anderen Wespenarten bleiben dem Menschen fern. Und auch die beiden „lästigen" Vertreter jagen normalerweise Insekten, zum Beispiel Fliegen, um ihre Larven in den Waben der papierartigen Nester zu versorgen. Ihren eigenen Zuckerbedarf decken sie in der Natur meist mit Blütennektar oder an überreifen Früchten.

Wespennest Die Nester werden an dunklen, versteckten Orten, in Hohlräumen, in Gebäuden oder im Boden angelegt und erreichen im Spätsommer mit 7.000 bis 10.000 Arbeiterinnen eine beachtliche Größe. Die Nesthüllen sind bei der Gemeinen Wespe bräunlich, bei der Deutschen Wespe grau gefärbt.

WISSENSCHAFTLICH
Vespula spec.

LÄNGE
11–20 mm

AKTIVITÄT
April–Nov.

LEBENSRÄUME
nahezu überall

Originalgröße

←
Mag es süß Eine Deutsche Wespe (drei schwarze Punkte im Gesicht) nascht Erdbeermarmelade.

WARNUNG
Das schwarz-gelbe Farbmuster der Wespen soll Fressfeinde auf ihre Wehrhaftigkeit hinweisen. Viele, auch ungefährliche Arten (z. B. Schwebfliegen) zeigen diese Warntracht.

HORNISSE

018

Überraschend friedliche Jägerin

WISSENSCHAFTLICH
Vespa crabro

LÄNGE
18–35 mm

AKTIVITÄT
April–Okt.

LEBENSRÄUME
Gärten, Parks, Waldränder, Streuobstwiesen

Originalgröße

Nestbau Hornissen bauen ihre Nester in Hohlräumen wie Baumhöhlen und Vogelnistkästen oder auch auf Dachböden. Als Nistmaterial dient morsches Holz, das mit Speichel versetzt zu einer bräunlichen Papiermasse wird. Daraus formen die Hornissen Waben und umgebende Hüllen, die mit Luftpolstertaschen versehen werden. Während die Königin im Mai noch ganz allein den Nachwuchs versorgen muss, wächst das Volk bis Ende September auf rund 800 bis 1.000 Arbeiterinnen an.

Eifrige Jägerinnen Unermüdlich jagen Hornissen Insekten – gern auch andere Wespen – und verfüttern vor allem deren proteinreiche Brustmuskulatur an ihre Larven. Im Herbst schlüpfen Männchen und Jungköniginnen. Mit den ersten Frösten geht das Volk zugrunde. Nur einige befruchtete Jungköniginnen überwintern und gründen im nächsten Frühjahr ihr eigenes Volk.

RUHE BEWAHREN

Ein Hornissennest im Garten ist kein Grund zur Panik: Wenn man das Nest nicht erschüttert und die Einflugschneise nicht versperrt, verhalten sich Hornissen friedlich.

→ **Umfangreich** Dieses Hornissennest ist bereits über den Vogelnistkasten hinausgewachsen.

MISTBIENE

Honigbiene als Vorbild

Larven mit Schnorchel Mit „Mist“ wird diese Art namentlich in Verbindung gebracht, weil sich ihre Larven in fauligem Wasser entwickeln und sich dort von verrottendem Pflanzenmaterial ernähren. Um ihre Sauerstoffversorgung zu gewährleisten, tragen sie eine schnorchelartige Verlängerung am Hinterende, die sie bis zur Wasseroberfläche ausfahren können. Das hat ihnen die Bezeichnung „Rattenschwanzlarven“ eingetragen.

Tarnt sich als Biene Die dunkelbraun gefärbte Mistbiene ist eine harmlose Schwebfliege, die einer Honigbiene zum Verwechseln ähnlich sieht. Sie ist eine sehr häufige Blütenbesucherin im Garten und dort nur schwer von ähnlichen Arten zu unterscheiden. Man muss schon sehr genau hinschauen: Die ebenfalls häufige Gemeine Keilfleckschwebfliege trägt eine gefiederte Fühlerborste, während diese bei der Mistbiene kahl ist. Auf solche Feinheiten achten Vögel auf der Jagd aber nicht – beide werden als „Bienen“ wahrgenommen und daher als Beute verschmäht.

WISSENSCHAFTLICH
Eristalis tenax

LÄNGE
12–15 mm

AKTIVITÄT
März–Nov.

LEBENSRÄUME
nahezu überall

Originalgröße

MINITÜMPEL

Es gibt einige weitere Schwebfliegen, deren Larven in schlammigen Kleingewässern, manchmal sogar in wassergefüllten Astlöchern oder Blumentöpfen heranwachsen.

↓ **Ähnlich** Die Gemeine Keilfleckschwebfliege ist kaum von der Mistbiene zu unterscheiden.

GRÜNES HEUPFERD

019

Sommergesang im Vorgarten

WISSENSCHAFTLICH
Tettigonia viridissima

LÄNGE
28–42 mm

AKTIVITÄT
Juni–Okt.

LEBENSRÄUME
Gärten, Brachen, Weiden, Weg- und Waldränder

Unüberhörbar Das Grüne Heupferd zählt zu den größten heimischen Insekten. Allein die Legeröhre des Weibchens, mit der es die Eier in den Boden legt, ist rund drei Zentimeter lang. Im Hoch- und Spätsommer reiben die Männchen ihre Vorderflügel aneinander und erzeugen damit einen lauten raschelnden Werbegesang. Er ist bis zu 150 Meter weit zu hören und setzt meist nachmittags ein, wird nach Einbruch der Dunkelheit aber intensiver. Als Singwarten dienen Büsche und Stauden. Hört man den Gesang, kann man den Tönen folgen, um das mächtige Insekt zu entdecken. Dabei braucht man allerdings oft viel Geduld, denn die Tarnung ist aufgrund der blattartigen Gestalt und Färbung meisterhaft. Das Grüne Heupferd sorgt mit seinen Lauten für eine sommerliche Atmosphäre im Garten. Es schätzt Strukturreichtum mit hohen Gräsern, Stauden und Büschen.

MÄNNCHEN

lange, blattförmige Flügel

Gut getarnt In der grünen Umgebung sieht man das Weibchen kaum. Es ist an der langen Legeröhre zu erkennen.

FLEISCHFRESSER

Die Nahrung des Heupferds besteht keineswegs aus Heu, sondern es ist ein Räuber, der vorwiegend andere Insekten wie Fliegen und Raupen erbeutet.

GRÜNE STINKWANZE

Schutz durch Tarnung und Gestank

Fast unsichtbar Die charakteristische fünfeckige Körperform der Baumwanzen ist bei der sehr häufigen Grünen Stinkwanze gut erkennbar – sofern man sie im grünen Blattwerk von Bäumen oder Büschen überhaupt entdeckt.

Sie stinkt! Namengebend ist der unangenehme Geruch, den sie verströmt, wenn sie sich bedroht fühlt: Sie besitzt wie die meisten Wanzen Stinkdrüsen, aus denen sie Abwehrsekrete ausscheidet. Dabei handelt es sich um Kontaktgifte. Sie sind für Menschen nicht gefährlich, aber wenn man eine Wanze einmal in der Hand hatte, bleibt der typische Geruch noch lange erhalten. Außerdem erkennt man Beeren, an denen Wanzen gesaugt haben, an einem bitteren Geschmack.

WISSENSCHAFTLICH
Palomena prasina

LÄNGE
11–14 mm

AKTIVITÄT
April–Okt.

LEBENSRÄUME
Gärten, Parks, Wälder, Brachen

Originalgröße

einheitlich blattgrüne Färbung

Wanzenvielfalt Die häufige Beerenwanze hat einen rötlichen Farbton. Die Graue Gartenwanze ist häufig auf Gehölzen und an Hauswänden zu beobachten.

ANGEPASST

Die Grüne Stinkwanze passt ihre Tarnfärbung den Jahreszeiten an: Im Herbst verfärbt sie sich bräunlich und ist dann zwischen den herbstlichen Blättern gut versteckt.

GOLDGLÄNZENDER ROSENKÄFER

Der Edelstein unter den Käfern

WISSENSCHAFTLICH
Cetonia aurata

LÄNGE
14–20 mm

AKTIVITÄT
April–Okt.

LEBENSRÄUME
Gärten, Waldränder, Lichtungen, Trockenhänge

Trickstarter Die grüngolden schimmernden Rosenkäfer lösen stets Bewunderung aus, wenn sie im Sonnenlicht auf Blüten landen. Hier wirken sie behäbig, aber durch einen Trick sind sie erstaunlich reaktionsschnell und wendig: Wenn sie auffliegen, müssen sie nicht erst ihre starren Flügeldecken anheben, um die darunterliegenden Hinterflügel zu entfalten, sondern sie schieben ihre Hinterflügel einfach durch seitliche Aussparungen unter den Deckflügeln hervor.

Vermehrung Zur Eiablage suchen sie Komposthaufen oder morsches Holz auf, denn ihre Larven, die den Engerlingen von Maikäfern stark ähneln, ernähren sich von verrottendem Pflanzenmaterial. Die erwachsenen Käfer fressen Pollen und Nektar und paaren sich im Frühling auf den Blüten. Man findet sie im Garten manchmal sogar noch im Oktober auf blühendem Efeu.

LOCKMITTEL

Büsche und Bäume, die im Zeitraum von April bis Juni blühen, locken Rosenkäfer zuverlässig an. Dazu zählen Apfelbaum, Weißdorn, Schneeball und tatsächlich auch Rosen.

Doppeldecker Zur Paarungszeit findet man die Rosenkäfer häufig im Doppelplack.

BLAUGRÜNE MOSAIKJUNGFER

Jägerin mit komplexer Wahrnehmung

Fliegen weit herum Auch wenn kein Gartenteich in der Nähe ist, in dem ihre Larven heranwachsen können, findet sich die Blaugrüne Mosaikjungfer häufig im Garten ein, denn sie vagabundiert weit umher und wählt Gärten im Spätsommer oft als Jagdreviere aus. Gelegentlich dringt sie durch offene Fenster in Häuser ein und löst dort durchaus auch mal Panikattacken aus. Keine Angst: Libellen stellen für Menschen keine Bedrohung dar und können nicht stechen.

Rassante Räuber Für andere Insekten stellt sich die Situation anders dar: Mit ihren Komplexaugen, die sich aus bis zu 30.000 Einzelaugen zusammensetzen, nehmen Großlibellen jede Bewegung wahr. Ihre akrobatischen Flugkünste machen sie zu geschickten Räubern. Ähnliches gilt unter Wasser für die Larven: Ihr Unterkiefer ist zu einer Fangmaske umgebildet, die blitzschnell vorschnellen und jede kleinere Beute ergreifen kann.

♀

WISSENSCHAFTLICH
Aeshna cyanea

LÄNGE
67–76 mm

AKTIVITÄT
Juni–Nov.

LEBENSRÄUME
Gewässer, Gärten, Waldränder

breite hellgrüne Längsstreifen

Männchen mit hellblauen Flecken

LANDGANG
Am Ende ihrer Entwicklung klettern Libellenlarven aus dem Wasser. An den trockenen Larvenhäuten, die an Halmen hängen bleiben, kann man sogar die Arten bestimmen.

→ **Larvenhaut** Die letzte Häutung von der Larve zur fertigen Libelle findet oft an Halmen im Uferbereich statt. Dort findet man dann die leeren Larvenhäute, die Exuvien genannt werden.

TAUBENSCHWÄNZCHEN

Der Kolibri unter den Schmetterlingen

WISSENSCHAFTLICH
Macroglossum stellatarum

FLÜGELSPANNWEITE
40–50 mm

AKTIVITÄT
März–Okt.

LEBENSRÄUME
überall in blütenreichen Offenlandschaften

Schwirrflug In strahlendem Sonnenschein steht das Taubenschwänzchen mit rasantem Flügelschlag schwirrend in der Luft und taucht seinen langen Saugrüssel tief in einen Blütenkelch hinein – unwillkürlich fühlt man sich bei diesem Anblick an einen Kolibri erinnert. Doch natürlich ist das Taubenschwänzchen ein Insekt und der kräftige Schwärmer gehört zu den Nachtfaltern.

Wanderfalter Wie der Admiral wandert das Taubenschwänzchen alljährlich im Frühjahr aus dem Mittelmeerraum bei uns ein. Doch nutzt es mittlerweile auch die milderen Winter verstärkt dazu, in Mitteleuropa zu bleiben und dann schon an sonnigen Februartagen nach ersten Nektarquellen zu suchen. Die Raupen fressen an Labkraut und sind daher auf mageren Wiesen oder Wegrändern zu finden. Wie bei allen Schwärmern erfolgt die Verpuppung in einer Kammer am oder im Boden.

↑ **Nahrunsspezialist** Taubenschwänzchen-Raupen fressen nur Labkraut.

DUFTENDE BLÜTEN

Taubenschwänzchen lassen sich mit duftenden Blüten in den Garten locken. Ihre meist sehr langen Saugrüssel sind an tiefe Blütenkelche angepasst. Petunien oder Phlox sind daher bei ihnen sehr beliebt.

KLEINER FUCHS

Rätselhafter Rückgang

Wo ist der Kleine Fuchs? Der Kleine Fuchs zählte einst zu den häufigsten Gartengästen überhaupt und bevölkerte gemeinsam mit dem Tagpfauenauge zahlreich die Blüten des Sommerflieders. Diese Zeiten scheinen vorüber, auch wenn er in einigen Regionen noch regelmäßig zu beobachten ist. Seine Raupen leben ähnlich wie die des Tagpfauenauges gesellig an Brennnesseln, die sie mit Gespinsten überziehen, unterscheiden sich von jenen aber durch die gelben Seitenstreifen. Ob der Rückgang des Kleines Fuchses mit natürlichen Bestandsschwankungen, höheren Stickstoffgehalten in den Brennnesseln, der vielfachen Beseitigung von Randstreifen in der Feldflur, dem Einsatz von Insektiziden in der Landwirtschaft oder dem Klimawandel zusammenhängt, ist nicht eindeutig geklärt. Möglicherweise wirken all diese Faktoren zusammen – wie bei vielen anderen Insekten auch.

WISSENSCHAFTLICH
Aglais urticae

FLÜGELSPANNWEITE
40–50 mm

AKTIVITÄT
März–Okt.

LEBENSRÄUME
nahezu überall

↑ **Streifen** Ein Raupennest auf Brennnesseln. Die Raupen des Kleinen Fuchses haben gelbliche Streifen.

BRENNNESSELN

Die oft propagierten „unordentlichen Ecken" im Garten werden von Tagfaltern kaum zur Eiablage genutzt. Besser sind Brennnesseln als Saumstruktur an Hecken oder Zäunen.

TAGPFAUENAUGE

Prächtiger Gast am Sommerflieder

WISSENSCHAFTLICH
Aglais io

FLÜGELSPANNWEITE
55–75w

AKTIVITÄT
März–Okt.

LEBENSRÄUME
Gärten, Wegränder, Waldränder

Jeder kennt ihn Es gibt wohl keinen bekannteren Schmetterling als das Tagpfauenauge. Vier große, farbenprächtige Augenflecken auf den Flügeln sollen Fressfeinde abschrecken. Im Garten sieht man Tagpfauenaugen vor allem im Hochsommer, wenn sie an den Blüten Nektar trinken. Manchmal versammeln sie sich hier in großer Zahl. Im Herbst suchen die hübschen Schmetterlinge oft Gartenschuppen, Dachböden oder unbeheizte Kellerräume auf, um hier zu überwintern.

Raupen lieben Brennnesseln Ihre Raupen entwickeln sich allerdings eher außerhalb von Gärten, und zwar auf Brennnesseln an Weg- und Waldrändern. Sie leben gesellig, wirken stachelig behaart und sind mit ihren weißen Flecken auf den schwarzen Körpern recht gut zu erkennen. Sie verpuppen sich kopfüber hängend als sogenannte Stürzpuppen, aus denen nach knapp zwei Wochen die Falter schlüpfen.

← **Schmetterlingsflieder** Nicht umsonst heißt der Sommerflieder auch Schmetterlingsflieder. Mit ihren langen Rüsseln trinken viele Falter dort Nektar.

IN RUHE LASSEN

Findet man überwinternde Schmetterlinge auf dem Dachboden, sollte man sie keinesfalls in warme Räume bringen. Hier werden sie nämlich aktiv, verbrauchen ihre Energie und sterben schnell.

↑ **Punkte** Die Raupen des Tagpfauenauges erkennt man am weißen Pünktchenmuster.

INSEKTENMAGNETEN

Darauf fliegen Schmetterlinge, Hummeln & Co.

Auf kleinstem Raum geht was
Mit den richtigen Pflanzen kannst du Insekten in deinen Garten und sogar auf deinen Balkon locken. Es braucht gar nicht viel Platz, um ein paar Arten anzupflanzen, an denen Insekten Pollen und Nektar finden oder die Raupen als Futterpflanze dienen.

Auf den Rüssel kommt es an
Nicht jede Pflanze passt zu jedem Insekt. Schmetterlinge haben sehr lange Saugrüssel, mit denen sie auch an Nektar gelangen, der tief in der Blüte verborgen ist – Bienen schaffen das oft nicht. Schwebfliegen dagegen haben so kurze Rüssel, dass ihnen der Nektar „auf dem Servierteller" angeboten werden muss, und auch Käfer naschen gerne mal an Pollen, der für sie aber gut zugänglich sein muss. Du kannst also mit der Auswahl der Pflanzen steuern, welche Arten du in deinen Garten oder auf deinen Balkon lockst.

Raupenfutter
Nicht nur die erwachsenen Insekten haben Hunger, auch ihre Kinder. Schmetterlings-

↓ **Insektentraum** In einem wilden Naturgarten gibt es Nahrung, Verstecke und Nistmöglichkeiten für viele Insekten.

↑ **Mini-Sandarium** Eine spärlich bepflanzte Schale hat Platz auf jedem Balkon. Hier finden Wildbienen Baumaterial für ihre Niströhren.

PROJEKT INSEKTENTRÄNKE

Du brauchst

- flache Schale
- flache Steine, Holzstücke, Moos, Murmeln
- Wasser

So geht's

Fülle die Schale mit Wasser und lege Steine, Holzstücke, Moos und Murmeln hinein. Sie sorgen dafür, dass die Insekten gut landen und starten können und nicht ertrinken. Stelle die Schale an einen geschützen, halbsonnigen Platz, am besten in die Nähe von Pflanzen. Das Wasser immer wieder nachfüllen, da es im Sommer recht schnell verdunstet, und die Schale regelmäßig reinigen.

raupen sind oft auf einzelne Arten als Futterpflanze angewiesen. Will man also Schmetterlinge im Garten haben, muss man auch die Raupen füttern. Ziemlich beliebt bei Schmetterlingsraupen ist die Brennnessel – 19 Arten fressen an ihr, darunter die von Tagpfauenauge (Seite 69) und Kleinem Fuchs (Seite 68). Auch Distel-, Ampfer- und Wegericharten sowie Himbeere und Brombeere schmecken vielen Raupen.

↑ **Landeplattform** Auf offenen Blüten wie der Margerite können viele Insekten gut landen und Nektar und Pollen fressen.

Ganz schön durstig

Es ist wie bei uns: Insekten haben nicht nur Hunger, sondern auch Durst. Gleichzeitig sind die meisten Insekten Nichtschwimmer. Sie brauchen also eine gut zugängliche Wasserquelle, in der sie nicht ertrinken – Regentonnen, Gießkannen oder Planschbecken sind Todesfallen. Eine sichere Insektentränke ist einfach und schnell gemacht – schau dir unser Mitmachprojekt an.

Insekten mögen Unordnung

Ein ordentlicher, aufgeräumter Garten ist für unsere Augen vielleicht schön, für Insekten aber ziemlich nutzlos. Sie mögen es unordentlich: Um Versteckmöglichkeiten oder Nistplätze zu finden, brauchen sie wilde Ecken. In einem Reisighaufen, unter einem Totholzstapel und zwischen aufgeschichteten Steinen fühlen sie sich wohl. Also einfach mal was liegen lassen. Auch wer nur einen Balkon hat, kann was für die Sechsbeiner tun: Eine Schale mit einer Mischung aus Sand und Lehm liefert Baumaterial für etliche Wildbienenarten.

ECHTER THYMIAN

Eine dufte Heilpflanze

Aromatisches Hustenkraut Schon im Altertum bei den Ägyptern und Griechen war die heilende Wirkung des Thymians bekannt. Seine Inhaltsstoffe, Thymol und Carvacrol, sind nachweislich antibakteriell und antiviral. Vor allem bei Infektionen der oberen Atemwege ist ein Tee aus Thymian die erste Wahl – wie du daraus einen Hustenhonig machen kannst, liest du auf Seite 84. Neben seiner Heilkraft ist Thymian auch ein exzellentes Gewürz in der Küche. Es kann sehr vielfältig eingesetzt werden – nicht nur für mediterrane Speisen wie Pizza, Lammfleisch, Aufläufe mit Auberginen, Zucchini und Tomaten. Auch zu Kartoffelgerichten und Erbsensuppen passt es gut. Selbst für süße Speisen wie Marmelade oder Obstsalat kann Thymian sparsam verwendet werden.

Sonnenanbeter Diese Pflanze liebt viel Licht und Wärme und fühlt sich auf Trockenrasen, an Böschungen, Felsen und auf den Hügeln von Wiesenameisen wohl. Ihre Wurzeln reichen bis zu einem Meter tief in den Boden.

WISSENSCHAFTLICH
Thymus vulgaris

WUCHSHÖHE
20–40 cm

BLÜTEZEIT
Mai–Okt.

STANDORT
Sandtrockenrasen, Magerrasen, Gewürz- und Arzneipflanze

↑ **Topfpflanze** Thymian gedeiht auch sehr gut im Topf auf dem Balkon oder der Terrasse.

WIESENSALBEI

Mit raffiniertem Klappmechanismus

WISSENSCHAFTLICH
Salvia pratensis

WUCHSHÖHE
30–60 cm

BLÜTEZEIT
Mai–Aug.

STANDORT
Trocken- und Halbtrockenrasen, trockene Wiesen

Würzig und entzündungshemmend Wegen seiner vielen ätherischen Öle und seinem intensiven Geschmack wird der Salbei vor allem als Gewürzpflanze geschätzt. Mit ihm lassen sich sowohl herzhafte als auch süße Speisen aromatisieren. Die Blätter können für Fleisch- und Fischgerichte, Salate, Suppen oder Soßen verwendet werden. Lecker ist auch Salbeibutter für Kartoffeln, Gnocchi oder Tortellini. Die Blüten lassen sich kandieren oder zu Sirup verarbeiten. Selbstgemachte Karamellbonbons mit Salbeigeschmack helfen gegen Erkältungen, da der Salbei antibakterielle und entzündungshemmende Wirkstoffe hat. Noch wirksamer ist aber ein Tee aus den frischen oder getrockneten Blättern.

KLAPPMECHANISMUS
Steckt ein Insekt seinen Rüssel in die Blüte, löst es einen Mechanismus aus, der dafür sorgt, dass die Staubblätter herunterklappen und das Insekt mit Pollen bepudern.

WILDER DOST

Das wilde Pizzagewürz

Dost, Oregano oder Majoran? Um diesen italienischen Gewürzklassiker gibt es immer wieder Verwirrung. Der Wilde Dost, den du hier siehst, stammt zwar aus dem Mittelmeerraum, ist aber schon lange bei uns verwildert. Er hat blasslila Blüten und schmeckt relativ mild. Auf die Pizza kommt Oregano, eine Unterart des Dost, der in Griechenland wild wächst. Er hat reinweiße Blüten und schmeckt sehr intensiv. Majoran ist eine weitere Art, die aus Asien stammt und als Würzkraut in der deftigen Küche Verwendung findet, weshalb er früher auch „Wurstkraut" genannt wurde. Alles klar?

Auch Insekten lieben ihn Der Wilde Dost ist eine sehr gute Nahrungsquelle für Wildbienen und Schmetterlinge. Du kannst zwei Fliegen mit einer Klappe schlagen: Pflanze ihn im Garten oder auf dem Balkon in Kübeln an, dann hast du immer ein leckeres Gewürz und lockst gleichzeitig Insekten an.

♀

WISSENSCHAFTLICH
Origanum vulgare

WUCHSHÖHE
20–60 cm

BLÜTEZEIT
Juli–Sep.

STANDORT
Wegränder, Gebüsche, Trockenwälder, Halbtrockenrasen

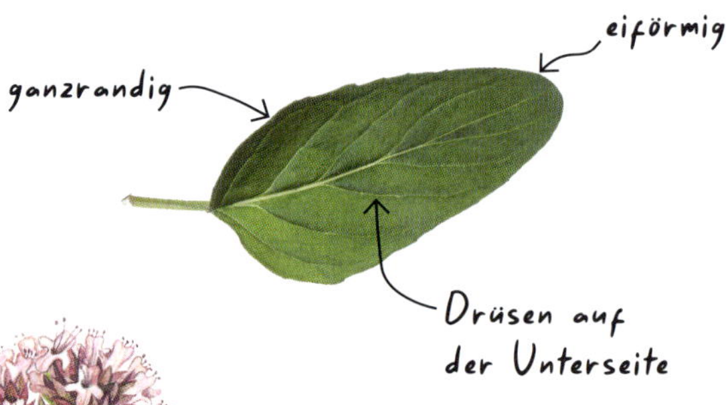

MULTIFUNKTIONSÖL

Dost kann man gut in Öl einlegen und hat dann ein leckeres, aromatisches Öl. Äußerlich wird es zum Einreiben bei Muskelverspannungen angewendet.

KLATSCHMOHN

Der Inbegriff des Sommers

WISSENSCHAFTLICH
Papaver rhoeas

WUCHSHÖHE
30–90 cm

BLÜTEZEIT
Mai–Juli

STANDORT
nährstoffreiche, lehmige Äcker, Schuttflächen, Wegränder

Kulturfolger Mit dem Ackerbau zog der Klatschmohn von den Steppen Nordafrikas in die Welt hinaus und schmückt seither hochsommerliche Kornfelder mit seinen zinnoberroten Blüten. Die großen, hauchdünnen Blütenblätter wirken mit ihrer starken UV-Reflexion unwiderstehlich auf Bienen und Hummeln, dabei bieten die Blüten gar keinen Nektar. Dafür aber extrem viele – bis zu 2,5 Millionen – Pollenkörner. Nach nur zwei bis drei Tagen Blühzeit segeln die Blütenblätter zu Boden. In den reifen Samenkapseln rasseln die winzigen, bohnenförmigen, schwarzen Samen und werden bei Wind aus den feinen Löchern im Deckel in die Umgebung verstreut. Die Mohnsamen in der Bäckerei stammen übrigens nicht vom Klatsch-, sondern vom verwandten Schlafmohn.

Selten geworden
So große Klatschmohnbestände findet man heute leider immer weniger.

ECHTE KAMILLE

Allerbeste Heilpflanze

Hilft bei fast allem Die Echte Kamille ist als Kulturfolger des Menschen schon in vorgeschichtlicher Zeit mit dem Ackerbau nach Mitteleuropa eingewandert, wo sie besonders auf lehmigen Äckern verbreitet ist. Die Echte Kamille ist eine der bekanntesten Heilpflanzen und an ihrem aromatischen Duft und dem ausgehöhlten Blütenboden von einigen sehr ähnlichen, aber wirkungslosen Arten zu unterscheiden. Der Duft stammt von ätherischen Ölen, die in der ganzen Pflanze zu finden sind. In der Heilkunde werden die getrockneten Blüten oder das extrahierte Öl verwendet, das sich bei der Herstellung blau färbt. Die Anwendung ist vielfältig und reicht von Inhalationen bei Erkältungen über Tees bei Magen-Darm-Beschwerden bis zu äußeren Anwendungen zur Unterstützung der Wundheilung.

WISSENSCHAFTLICH
Matricaria chamomilla

WUCHSHÖHE
15–40 cm

BLÜTEZEIT
Mai–Aug.

STANDORT
sandige bis lehmige Böden, Äcker, Wegränder

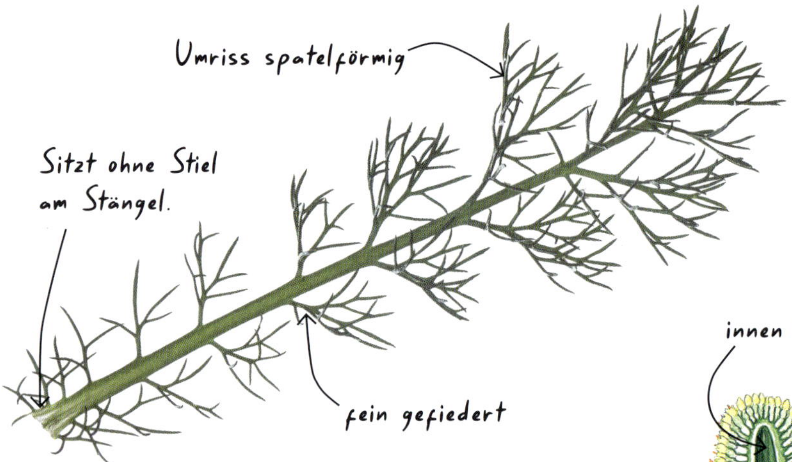

← **Allheilmittel** Wenn es einem nicht so gut geht, dann hilft häufig ein Kamillentee.

WIESEN-MARGERITE

Sie liebt mich, sie liebt mich nicht

WISSENSCHAFTLICH
Leucanthemum vulgare

WUCHSHÖHE
20–70 cm

BLÜTEZEIT
Juni–Okt.

STANDORT
Wiesen, Weiden, Halbtrockenrasen

Blüten in Körbchen Die großen weißen Blüten sind vom Frühsommer bis in den Vollherbst prächtige Farbtupfer in Wiesen, auf Weiden, in Halbtrockenrasen und an Wegrändern. Umgangssprachlich werden die Blütenkörbe der Wiesen-Margerite einfach Blüten genannt, doch bei genauer Betrachtung sind die gelben Knöpfchen aus hunderten winziger gelber Röhrenblüten zusammengesetzt, von denen jede einzelne Staubblätter und Griffel besitzt. Nur am äußeren Rand bilden die winzigen Blüten jeweils ein einziges großes, weißes Blütenblatt, man nennt diese daher Zungenblüten. Dieser Zusammenschluss zahlreicher winziger Blüten zu einem Körbchen ist typisch für die Korbblütler, eine der artenreichsten Pflanzenfamilien. Zu ihr zählen z. B. auch das Gänseblümchen (Seite 118) oder der Löwenzahn (Seite 119).

ABZÄHLREIM

Wer kennt ihn nicht, den Abzählvers, bei dem die großen Blütenblätter der Margerite einzeln ausgezupft werden, um herauszufinden, ob man geliebt wird. Immer wieder schön.

→ **Blumige Erfrischung** Friere Wildblüten in Eiswüfel ein, so bekommst du eine schöne und leckere Dekoration für kalte Getränke.

ECHTES MÄDESÜSS

Hilft gegen Kopfschmerzen

Wunderbarer Duft Das angenehm süßlich duftende Echte Mädesüß gedeiht an Bachufern und in feuchten Wiesen und überragt seine Nachbarpflanzen mit kräftigen, langen Stängeln und üppigen Blüten. Der süßliche Duft überträgt sich auf Speisen und Getränke und wird zum Aromatisieren von Honigwein oder Met verwendet, worauf wohl auch der Name zurückgeht (Metsüße). Sogar französische Sterneköche schätzen das Aroma zum Beispiel im Mädesüß-Sorbet.

Schmerzmittel Außerdem ist das Echte Mädesüß eine alte Heilpflanze und enthält die dem Wirkstoff des Aspirin ähnliche Salicylsäure. Die Blätter und Blüten werden als Tee zur Behandlung von Erkältungen und Gelenkschmerzen verwendet.

WISSENSCHAFTLICH
Filipendula ulmaria

WUCHSHÖHE
50–150 cm

BLÜTEZEIT
Juni–Aug.

STANDORT
nasse, nährstoffreiche Wiesen, Gräben, Ufer

Am Ufer Mädesüß wächst gerne in Ufernähe. Seine Samen werden dann auch über das Wasser verbreitet.

JOHANNISKRAUT

Liebt die Sonne

WISSENSCHAFTLICH
Hypericum perforatum

BLÜTEZEIT
Juni–Aug.

WUCHSHÖHE
15–80 cm

STANDORT
Wegränder, Böschungen, Gebüsche

Um den Johannistag (24. Juni) blüht das Johanniskraut und spielte daher bei vielen Völkern eine wichtige Rolle in den Traditionen zur Sommersonnenwende (20./21. Juni). Die goldgelben Blüten waren ein Symbol für die hoch am Himmel stehende Sonne.

Betrachtet man die Pflanze ganz genau, gibt es einiges zu entdecken. Hält man ein Blatt gegen das Licht, sieht es aus, als wäre es von unzähligen Nadelstichen durchlöchert. Daher auch sein anderer Name: Tüpfel-Hartheu. Fasst man die Pflanze an, erklärt sich auch das Hartheu: Die Stängel sind recht zäh und holzig, man kann sie kaum abpflücken. Zerreibt man eine Knospe zwischen den Finger, färbt sich die Haut rot. Der Stoff, der dafür verantwortlich ist, heißt Hypericin und wirkt entzündungshemmend, schmerzstillend und wundheilend, macht die Haut aber auch lichtempfindlich.

ROTÖL

Fülle ein Schraubglas mit Blüten und Knospen und bedecke alles mit gutem Olivenöl. Zwei Wochen ziehen lassen, absieben und fertig ist das schmerzlindernde, antibakterielle rote Öl.

←
Gute Laune Aus den oberen Triebspitzen kann man einen Tee kochen, der stimmungsaufhellend wirkt.

SAUERAMPFER

Sauer macht lustig

Guckt oben raus Auf nährstoffreichen Wiesen und Weiden leuchten die matt orangeroten Blütenstände im Frühsommer zwischen den Gräsern und werden oft deutlich höher als diese. Die papierartigen, lockeren Fruchtstände rascheln im Wind.

Nicht zu viel davon Die jungen Blätter sind eines der sieben Kräuter in der Frankfurter Grünen Soße. In großen Mengen wirken die für den namengebenden, säuerlichen Geschmack verantwortliche Oxalsäure und das Kaliumoxalat jedoch giftig und können zu Nierenschäden führen – also nicht zu viel auf einmal davon essen. Die Raupen einiger Arten der Feuerfalter, einer bunten Gruppe teils stark bedrohter Schmetterlinge, haben sich jedoch ganz auf den Großen Sauerampfer als Nahrungspflanze spezialisiert. Ihnen macht die Oxalsäure nichts aus.

WISSENSCHAFTLICH
Rumex acetosa

WUCHSHÖHE
30–100 cm

BLÜTEZEIT
Mai–Juli

STANDORT
nährstoffreiche Wiesen, Weiden, Wegränder

→
Die Mischung macht's Ein Wildkräutersalat aus verschiedenen Wiesenkräutern und Blüten ist lecker und gesund. Sauerampferblättchen sorgen für eine frisch-säuerliche Note.

KNOBLAUCHSRAUKE

Kann Bäume unterdrücken

WISSENSCHAFTLICH
Alliaria petiolata

WUCHSHÖHE
20–100 cm

AKTIVITÄT
April–Juni

LEBENSRÄUME
Waldränder, Gebüsche, Lichtungen

Verschafft sich Platz Die Knoblauchsrauke wächst im Halbschatten in Wäldern, Gebüschen und Gärten immer an Stellen mit sehr nährstoffreichem Boden. Die Wurzeln sondern chemische Verbindungen in den Boden ab, die das Wachstum von Mykorrhizapilzen hemmen und dadurch auch die Entwicklung vieler Gehölze unterbinden, die für ihr Wachstum auf die Pilze angewiesen sind. So kann sich die Knoblauchsrauke im Wald behaupten und teils große Bestände ausbilden.

Knoblauchartig Die Blätter riechen und schmecken dezent nach Knoblauch und eignen sich jung als Wildgemüse. Der Geschmack geht allerdings beim Kochen verloren, darum verwendet man Knoblauchsrauke besser roh, zum Beispiel in Salat oder Quark.

↑ **Knoblauchsraukenpesto** ist die würzige Alternative zum Klassiker mit Basilikum. Auf Seite 38 findest du ein Rezept.

WALDPFEFFER

Im Herbst kann man die reifen Schoten sammeln, die kleinen schwarzen Samen herausschütteln und dann wie Pfeffer verwenden. Hat richtig Wumms!

ROTKLEE

Nektarreicher Glückbringer

Natürlicher Dünger Der Wiesen- oder Rotklee ist auf Wiesen und Weiden eine ausgesprochen häufige Pflanze. Zur Anreicherung von Stickstoff wird Rotklee auch als Zwischenfrucht auf Äckern angebaut. Wie viele Pflanzen aus der Familie der Hülsenfrüchtler lebt auch er in enger Gemeinschaft mit speziellen Bakterien, den Rhizobien oder Knöllchenbakterien. Diese Bakterien dringen über die Wurzelhaare in die Wurzel ein und lösen bei der Pflanze die Bildung kleiner Knollen aus, in denen sie optimale Lebensbedingungen vorfinden und von der Pflanze mit Nährstoffen versorgt werden. Im Gegenzug bilden sie aus molekularem Stickstoff aus der Luft das für Pflanzen nutzbare Ammoniak und ermöglichen so das Wachstum auch in nährstoffarmen Böden. Pflügt man den Klee unter, wirkt das wie ein Dünger.

WISSENSCHAFTLICH
Trifolium pratense

LÄNGE
15–40 cm

BLÜTEZEIT
Juni–Sep.

STANDORT
nährstoffreiche Wiesen und Weiden

↑ **Süßer Nektar** Wenn man die einzelnen Blüten aus dem Blütenköpfchen zupft, kann man den süßen Nektar aussaugen. Am besten sammelt man die Blüten dafür an einem sonnigen Vormittag.

GLÜCKSBRINGER
Der wissenschaftliche Name „Trifolium" bedeutet „Dreiblatt". Immer wieder bildet Klee durch Mutationen auch vierteilige Blätter. Versuche eines zu finden, es bringt dir vielleicht Glück.

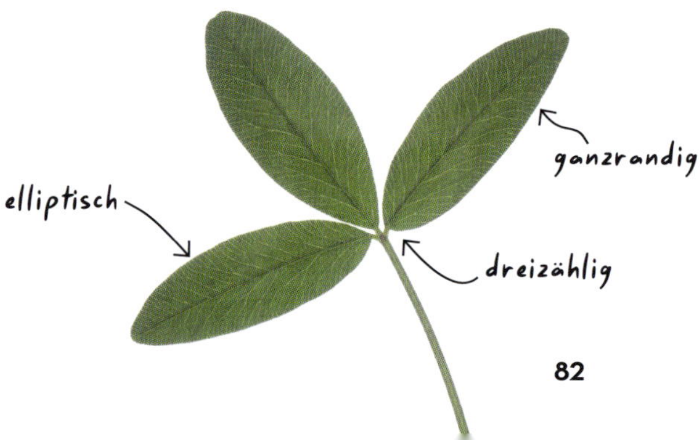

WALDERDBEERE

Die süßen Früchte lieben alle

♀

WISSENSCHAFTLICH
Fragaria vesca

LÄNGE
5–20 cm

BLÜTEZEIT
Mai–Juni

STANDORT
Weg- und Waldränder, Gebüsche, Laubwälder

Verbreitung durch Tiere Die kleine Walderdbeere wächst unscheinbar am Waldboden an humusreichen, nährstoffreichen Standorten, die nicht zu schattig sind. Ihre Blätter sind auch im Winter grün. Die kleinen, süßen, roten Früchte schmecken nicht nur Menschen, sondern werden von verschiedensten Säugetieren und auch von Ameisen gefressen. Die kleinen Samen durchwandern dabei unbeschadet den Verdauungstrakt und werden so verbreitet.

Mutter der Gartenerdbeere Die Walderdbeere wird seit Jahrhunderten kultiviert, wurde jedoch im 19. Jahrhundert von der Gartenerdbeere weitgehend aus dem Anbau verdrängt. Die Gartenerdbeere produziert viel größere Früchte und entstand aus der Kreuzung aus zwei nordamerikanischen Erdbeerarten, der Chile-Erdbeere und der Scharlach-Erdbeere. Das wunderbare Aroma von Walderdbeeren haben die Gartenerdbeeren aber selten.

→ **Gleich vernaschen**
Am besten genießt man die Früchte frisch, verarbeitet verlieren sie zu schnell ihr Aroma.

WALD- UND WIESENAPOTHEKE

Diese Pflanzen tun dir richtig gut

Die Natur hilft dir
Viele Wildpflanzen haben eine heilende Wirkung. Mit diesen fünf Arten kannst du dir eine kleine Apotheke zusammenstellen, die gegen häufige Beschwerden hilft. Wichtig dabei: Sammle und verwende nur Arten, die du wirklich sicher erkennen kannst – schaue dir darum alle Bestimmungsmerkmal ganz genau an.

Spitzwegerich, das Wiesenpflaster
Du hast dir eine Blase gelaufen? Eine Mücke hat dich gestochen? Dann hilft dir Spitzwegerich (Seite 122). Lege ein oder mehrere Blätter direkt auf die Blase, Socke drüber und weiter geht's. Bei einem Mückenstich zerreibst oder zerkaust du das Blatt ein wenig und gibst es dann direkt auf die juckende Stelle.

↓ **Spitzwegerich** Eine ganze Wiese voller „Pflaster".

↑ **Hustenhonig** Die Verbindung von Thymian und Honig ist der beste natürliche Hustensaft, den es gibt.

Thymian, der Hustenkiller
Gib Thymianblüten und -blätter (Seite 72) in ein Schraubglas und bedecke sie vollständig mit Honig. Drei Wochen an einem warmen Ort stehen lassen, dann die Pflanzenteile absieben. Fertig ist dein Hustenhonig, den du teelöffelweise pur einnehmen oder in Tee einrühren kannst.

Kamille, das Allheilmittel
Ein Tee aus Kamille (Seite 76) hilft gegen fast alles. Innerlich wirkt er gegen Magenkrämpfe, Bauchschmerzen und Entzündungen im Mund- und Rachenraum, äußerlich verwendet man ihn zum Reinigen kleiner Schnitt- und Schürfwunden. Kamillenblüten kann man gut trocknen und sich so einen kleinen Vorrat anlegen.

Holunder, der Immunbooster
Reife, ganz dunkle Holunderbeeren (Seite 133) von den Stielen streifen, in einen Topf geben

und mit zwei Teilen Wasser und einem Teil Apfelsaft bedecken. Zehn Minuten köcheln lassen, dann absieben und nach Geschmack mit Zimt würzen oder mit Honig leicht süßen. Dieser Punsch tut bei Erkältung und Grippe richtig gut.

Brennnessel, die Reinigende
Auch aus Brennnesselblättern (Seite 123) bereitet man einen Tee zu. Er regt den Stoffwechsel an, hilft gegen Frühjahrsmüdigkeit und wirkt harntreibend. Man kann ihn im Frühjahr kurmäßig über mehrere Wochen trinken, um nach dem Winter wieder so richtig fit zu werden.

↑ **Holunderbeeren** stecken voller wertvoller, gesunder Inhaltsstoffe. Man darf sie aber nicht roh essen!

PROJEKT HARZSALBE

Du brauchst

- 15 g Fichtenharz
- 60 ml Olivenöl
- 5 g Bienenwachs
- kleines Töpfchen
- Stövchen
- Gläschen

So geht's

1 Erwärme das Olivenöl mit dem Harz über dem Stövchen, bis das Harz geschmolzen ist.

2 Gib das Bienenwachs zum Harz-Öl-Gemisch und lass es vollständig schmelzen.

3 Nimm die Salbe vom Stövchen und rühre sie, bis sie abgekühlt ist. Dann kannst du sie in saubere Gläschen füllen.

Sammle für diese Salbe nur festes, sauberes Harz und achte darauf, den Baum dabei nicht zu verletzen. Die Salbe ist ein Alleskönner bei kleinen Wunden und tut auch als Einreibung bei Erkältungen gut.

1

2

3

AHORN

Kanadisches Flaggenblatt

Drei verschiedene Arten Bei uns kommt der Bergahorn am häufigsten vor, gefolgt vom Spitz- und Feldahorn. Alle drei Arten haben handförmige, fünfzipfelige Blätter – man kennt sie von der kanadischen Flagge.

Hubschraubersamen Die zweiflügeligen Früchte sind typisch für Ahorngewächse. Fallen sie vom Baum, gehen sie schon nach wenigen Zentimetern in eine kreisförmige Drehbewegung über. Damit gehören sie zu den sogenannten Schraubenfliegern. Durch die Drehung verlangsamen sie den Sinkflug und können so über weite Strecken vom Wind verbreitet werden. Waldforscher haben herausgefunden, dass ein Ahornbaum etwa einen Hektar Waldboden mit jungen Ahornpflanzen versehen kann.

WISSENSCHAFTLICH
Acer spec.

WUCHSHÖHE
15–30 m

BLÜTEZEIT
April–Juni

STANDORT
Wälder, Parks, Alleen

Propeller Jeder hat Spaß daran, die Ahornsamen in die Luft zu werfen und zuzuschauen, wie sie wie kleine Hubschrauber zu Boden fliegen.

Frühe Blüten Der Spitzahorn bildet kleine gelbgrüne Blüten, die schon vor den Blättern erscheinen. Von Weitem sieht der Baum dann grün aus.

SCHÖNES HOLZ

Ahornholz ist sehr hell, hart und hat eine feine Struktur. Es wird für hochwertige Möbel, als Parkett und für Musikinstrumente verwendet.

SPITZAHORN
verkleinert

FELDAHORN
verkleinert

BERGAHORN

PLATANE

Borke im Tarnmuster

Hart im Nehmen Hat die Platane genügend Platz, wird sie zu einem riesigen, breit ausladenden Baum. Darum wird sie als Schattenspender gerne in Parks gepflanzt. Da sie sich gut beschneiden und formen lässt, ist sie auch für kleinere Plätze geeignet. Mit der Luftverschmutzung und der Trockenheit in Städten kommt sie prima zurecht. Im Sommer platzt die Rinde in großen Platten ab, da sich der Stamm im Tagesverlauf durch den höheren Wasserverbrauch stärker ausdehnt. Alle drei bis vier Jahre kommt es unabhängig vom Klima zu einem größeren Rindenverlust.

WISSENSCHAFTLICH
Platanus x hispanica

WUCHSHÖHE
bis 30 m

BLÜTEZEIT
Mai

STANDORT
Städte, Parks, Alleen

NICHT VERWECHSELN
Die Blätter von Platane und Ahorn sind ziemlich ähnlich. An der Rinde (Tarnmuster) und an den Samen (Stachelkugeln) kann man sie aber sehr gut unterscheiden.

Tarnanzug Die Rinde der Platanen bildet ein Muster aus verschiedenen Braun-, Grau- und Grüntönen.

→

Stachelkugeln Die Früchte der Platane setzen sich aus sehr vielen Nüsschen zusammen, die eine stachelige Kugel bilden.

HAINBUCHE

Hält so einiges aus

Schnittverträglich Hainbuchen treiben auch nach radikalen Rückschnitten wieder aus. Früher wurde das zur Brennholzgewinnung in sogenannten Niederwäldern genutzt oder um undurchdringbare Schutzhecken zu bilden. Heutzutage wird die Hainbuche wegen ihrer guten Schnittverträglichkeit gerne als Gartenhecke angepflanzt.

Werkzeugholz Das helle Holz der Hainbuche ist eines der schwersten und härtesten. Da es trotzdem recht elastisch ist, wird es gerne für Werkzeugstiele, Holzhämmer und hölzerne Maschinenteile verwendet.

WISSENSCHAFTLICH
Carpinus betulus

WUCHSHÖHE
bis 20 m

BLÜTEZEIT
April–Mai

STANDORT
Laubwälder, Hecken, Waldränder

← **Früchte** Die Hainbuche bildet herabhängende Fruchtstände aus dreiflügeligen Nüsschen.

BUCHE

Kommt überall vor

WISSENSCHAFTLICH
Fagus sylvatica

WUCHSHÖHE
bis 40 m

BLÜTEZEIT
April–Mai

STANDORT
gedeiht fast überall

Massenhaft Bucheckern Die nahrhaften Bucheckern versorgen eine Menge Tiere: Vom kleinen Käfer bis zum großen Hirsch werden sie gerne gefressen. Roh sind sie für den Menschen leicht giftig, gekocht oder geröstet können die nussigen Früchte aber gegessen werden. Alle drei bis sechs Jahre gibt es ein sogenanntes Mastjahr und es werden besonders viele Bucheckern gebildet. In solchen Jahren verwendet der Baum dann etwa zwei Drittel seiner Energie für die Samenproduktion. So hat er gute Chancen, dass nicht alle Samen gefressen werden, sondern genügend zur Keimung und Verbreitung seiner Art übrig bleiben.

HAUPTBAUM
Die Buche ist die prägende und dominante Baumart Mitteleuropas. Ohne den Menschen wären 70 bis 80 Prozent von Deutschland mit Buchenwäldern bedeckt. Aktuell sind es etwa 15 Prozent.

Stachelbecher Die stachelige, holzige Fruchthülle der Buche ist aufgesprungen und setzt die nahrhaften Bucheckern im Inneren frei.

TRAUBENEICHE

War mal Schweinefutter

Hutewald Viele Eichenwälder wurden früher nicht wegen ihres Holzes angepflanzt, sondern wegen ihrer Eicheln. Im Herbst trieben die Hirten die Schweine für eine extradicke Speckschicht in die Eichenwälder, denn „auf den Eichen wächst der beste Schinken“. Hutewald nannte man solche Wälder, die meist recht licht waren, weil die Schweine den Jungwuchs der Bäume regelmäßig dezimierten.

Roh nicht essbar Roh sind die nahrhaften Eicheln für den Menschen wegen der Gerbstoffe ungenießbar und leicht giftig, durch Rösten und Wässern lassen sich die Gerbstoffe aber entfernen. Dann können die Eicheln zu Mehl, Bier und Kaffeeersatz verarbeitet werden.

WISSENSCHAFTLICH
Quercus petraea

WUCHSHÖHE
bis 35 m

BLÜTEZEIT
Mai

STANDORT
Mittelgebirge, trockene, steinige Böden

← **Ohne Stiel** Die Eicheln sitzen bei der Traubeneiche fast ohne Fruchtstiel direkt am Zweig.

STIELEICHE

Seit Jahrtausenden genutzt

WISSENSCHAFTLICH
Quercus robur

WUCHSHÖHE
bis 40 m

BLÜTEZEIT
Mai

STANDORT
Flachland, Auwälder, feuchte Böden

Sehr robust Eichen gehörten zu den wertvollsten Bäumen und wurden schon früher auf vielfältige Weise genutzt. Die stark gerbsäurehaltige Rinde wurde zum Gerben von Leder verwendet. Die Gerbsäure verhindert zudem, dass das Holz unter Wasser verrottet. So kann es für Bauwerke am und im Wasser, für Schleusen und als Fundament für Häuser genutzt werden. Ganz Venedig steht auf Eichenpfählen.

Blick in die Vergangenheit Viele der so konservierten Eichenstämme konnten für die Dendrochronologie, die genaue Altersbestimmung anhand der Jahresringe, herangezogen werden. In Mitteleuropa können Holzstücke bis etwa 12.500 Jahre vor heute exakt datiert werden.

Mit Stiel Bei der Stieleiche sitzen die Eicheln – wie der Name schon sagt – auf langen Fruchtstielen.

UNTERSCHEIDUNG
Die Stieleiche hat einen kurzen Blattstiel, dafür sitzen die Eicheln auf langen Fruchtstielen. Bei der Traubeneiche ist es genau umgekehrt. Gut merken!

LINDE

Blätter in Herzform

Ein zentraler Baum Bei den Germanen war die Linde der Göttin Freya geweiht, der Göttin der Liebe, Schönheit und Fruchtbarkeit, außerdem galt sie als Glücksbringer. Vielleicht liegt das an ihren herzförmigen Blättern? Auch heute findet man in vielen Dörfern auf den zentralen Plätzen immer noch alte, groß gewachsene Linden. Unter diesen Bäumen wurde früher gefeiert, geheiratet und Recht gesprochen.

Altarholz Die schönsten und berühmtesten Altäre wurden aus Lindenholz geschnitzt. Das weiche Holz reißt nicht und lässt sich schön polieren, deshalb eignet es sich ideal für Schnitz- und Drechselarbeiten.

WISSENSCHAFTLICH
Tilia spec.

WUCHSHÖHE
25–30 m

BLÜTEZEIT
Juni–Juli

STANDORT
Laubwälder, Alleen, einzelne Dorfbäume

GESUND UND LECKER
Aus den herrlich duftenden Blüten kannst du dir einen Tee gegen Erkältungskrankheiten machen. Die jungen Blätter schmecken richtig gut im Salat.

↓ **Bärtchen** Auf der Unterseite sieht man in den Winkeln der Blattnerven kleine „Bärtchen“. Bei der Winterlinde sind sie bräunlich wie hier, bei der Sommerlinde weiß.

← **Geflügelte Früchte** Die kugelförmigen Früchte der Linden haben Flügel, damit sie möglichst weit vom Wind getragen werden können.

SCHWARZERLE

Erträgt nasse Füße

WISSENSCHAFTLICH
Alnus glutinosa

WUCHSHÖHE
bis 20 m

BLÜTEZEIT
März–April

STANDORT
Au-, Bruch- und Moorwälder

Überlebenskünstlerin Für ihren sehr feuchten Standort benötigt die Erle ein paar Tricks, um zu überleben. So sorgt ihr tiefgehendes Herzwurzelsystem für einen festen Stand im weichen, nassen Boden. Außerdem gehen die Wurzeln eine Symbiose mit Bakterien ein, die den Baum mit Stickstoff versorgen und dafür Energie in Form von Kohlehydraten erhalten. Auf feuchten Böden ist oft die Sauerstoffversorgung der Wurzeln ein Problem. Für die ausreichende Belüftung sorgen große Korkporen an der Stammbasis. So kommt die Schwarzerle ganz gut zurecht und übersteht auch längere Überschwemmungen.

Grün und schwarz Die jungen Zapfen der Schwarzerle sind noch grün, die älteren vom letzten Jahr werden schwarzbraun. Sie hängen oft gemeinsam am Baum.

Viel zu entdecken im

HERBST

Viel zu entdecken im
HERBST

Die Blätter werden bunt
Der Sommer ist vorbei, die Tage werden wieder kürzer und die Blätter der Bäume werden bunt. Hast du dir schon einmal überlegt, warum die Laubbäume ihre Blätter im Herbst abwerfen? Erst einmal holen die Bäume alle wertvollen Stoffe – vor allem das grüne Chlorophyll – in den Stamm und lagern sie dort ein. So sparen sie Energie und darum werden die Blätter auch erst einmal bunt. Dann werfen sie die Blätter ab, um im Winter nicht zu verdursten. Die großflächigen Blätter würden auch im Winter ständig Wasser verdunsten. Die Wurzeln können aber aus dem gefrorenen Boden kein Wasser nachholen – der Baum würde im Winter vertrocknen. Zudem würde das Gewicht von Schnee auf den Blättern zu Schneebruch führen. Nadelbäume können ihre „Blätter" behalten: Die Nadeln sind so gebaut, dass sie nur wenig Wasser abgeben.

Vorräte für den Winter
Im Herbst werden viele Früchte und Nüsse reif. Ein Festmahl für die Tiere. Viele fressen sich einen ordentlichen Winterspeck an, damit sie gut durch die kalte Jahreszeit kommen. Andere legen Vorräte an und verstecken, wie das Eichhörnchen oder der Eichelhäher, Nüsse und Eicheln für den Winter. Und auch wir können unsere Vorräte auffüllen: Nüsse sammeln oder Marmelade aus selbst geernteten Wildfrüchten kochen. Das macht richtig Spaß! Rezeptideen findest du auf den Seiten 134 und 135.

Ein geschütztes Plätzchen
Viele Tiere bereiten sich jetzt auch auf den Winterschlaf vor. Du kannst ihnen helfen, ein gemütliches Plätzchen zu finden, an dem sie die kalte Jahreszeit verschlafen können. Nicht nur der Igel braucht ein Häuschen, auch für viele Insekten kann man Überwinterungshilfen schaffen. Auf den Seiten 116 und 117 findest du Tipps und Ideen.

DAS BESTE AM HERBST

- Die Blätter werden bunt.
- Pilze sprießen aus dem Boden.
- Wildfrüchte und Nüsse sammeln.
- Kastanienmännchen basteln.
- Drachen steigen lassen.
- Durch Laubhaufen rascheln.

SEI SCHNELL

Wenn du wilde Früchte ernten willst, musst du dich beeilen. Die leuchtenden Farben sagen den Vögeln: „Hier gibt's was Leckeres" – schnell sind alle weggefuttert.

↑ **Wilde Früchte** haben den ganzen Sommer über Sonne getankt, jetzt sind sie reif und besonders lecker.

↓ **Vorrat** Das Eichhörnchen legt sich für den Winter einen Nussvorrat an. Ob es alle wiederfindet?

↓ **Blätterrascheln** Es macht so viel Spaß, wild durch die Herbstblätter zu toben.

HAUSSPERLING

020

Immer Action in der Spatzen-Gang

Spatz oder Sperling? So wie Flo zu Florian oder Kathi zu Kathrin ist Spatz die Koseform zu Sperling. Der Allerweltsvogel zählt zu den engsten Kulturfolgern des Menschen und lebt schon seit Jahrhunderten in unserer unmittelbaren Nachbarschaft. Zahlreiche Redensarten zeugen davon.

In Wohngemeinschaften brüten Haussperlinge unter Dachziegeln, in Mauernischen oder Kletterpflanzen, in den Zweigen der Storchenhorste und in Nistkästen. Hängen davon mehrere nebeneinander, gründen sie eine Reihenhauskolonie. Ihre Nahrung besteht überwiegend aus den Körnern kultivierter Getreidearten und den Samen von Wildkräutern.

WISSENSCHAFTLICH
Passer domesticus

LÄNGE
14–16 cm

BEI UNS
ganzjährig

BRUT
2 x im Jahr; bei genügend Platz oben geschlossenes Nest in Nischen und Höhlen sowie freistehend

↓ **Wellness** Dieses graubraune Weibchen nimmt ein ausgiebiges Sandbad und kann so Parasiten loswerden.

↑ **Turbulent** geht es zu in der Spatzenkolonie. Es wird aufgeregt getschilpt und gezetert.

FELDSPERLING 021

Senkrechtstarter

WISSENSCHAFTLICH
Passer montanus

LÄNGE
12,5–14 cm

BEI UNS
ganzjährig

BRUT
2–3 x im Jahr; seitlich hochgezogenes Nest in Baumhöhlen, Nischen und Nistkästen

Der deutsche Name passt: Feldsperlinge bewohnen die mit Hecken durchsetzte, offene Kulturlandschaft, Feldgehölze, Streuobstwiesen und Waldsäume. In Dorfrandlagen erscheinen sie regelmäßig an Futterplätzen oder als Mieter der Nistkästen. So wie der Haussperling lebt auch sein kleiner Verwandter gesellig und bildet häufig größere Brutkolonien. Bei der Nahrungssuche ist er oftmals mit Goldammern und Finken unterwegs.

Hubschrauber Der Feldspatz ist ein geschickter Flieger. Wie ein Hubschrauber kann er senkrecht nach oben fliegen und im Flug rüttelnd die Richtung um 180 Grad wechseln.

Höhlenbrüter Bei den Feldspatzen sehen Männchen und Weibchen gleich aus.

WILDKRÄUTER
bieten Feldsperlingen im Garten Nahrung. Mit ihrem etwas feineren Schnabel bevorzugen sie kleinere Samen als Hausspatzen und fressen Getreide nur vor der Reife.

KLEIBER 022

Kopfüber den Stamm hinunter

Der Kleiber brütet in Baumhöhlen, deren Eingangsloch er entweder auf die passende Größe mit Lehm zuklebt – daher der Name – oder mit kräftigen Schnabelhieben erweitert. So ist das brütende Weibchen sicher vor größeren Konkurrenten und Feinden. Ein von Kleibern bewohnter Nistkasten lässt sich nach der Brutzeit nur mühevoll öffnen und säubern, da sämtliche Ritzen sorgfältig mit dem inzwischen steinhart gewordenen Lehm abgedichtet wurden.

Als einzige heimische Vogelart können Kleiber Baumstämme kopfüber hinunterklettern. Ganzjährig horten sie Insekten und Samen in Baumritzen oder vergraben sie in der Erde.

WISSENSCHAFTLICH
Sitta europaea

LÄNGE
12–14,5 cm

BEI UNS
ganzjährig

BRUT
1 x im Jahr; Nest in Fäulnishöhlen, Spechthöhlen oder Nistkästen

AM FUTTERPLATZ

Energisch verteidigt der Kleiber seinen Platz am Futterhaus, um dort Sonnenblumenkerne zu sammeln, die er sodann in eine Spalte einklemmt und mit dem Schnabel öffnet.

Hungrig Die Jungvögel betteln um Futter.

Maurer Der Kleiber hat hier den Eingang seiner Nisthöhle mit Lehm verkleinert.

STIEGLITZ 023

Liebt Sonnenblumen und Disteln

WISSENSCHAFTLICH
Carduelis carduelis

LÄNGE
12–13,5 cm

BEI UNS
ganzjährig

BRUT
2 x im Jahr; Napfnest aus Pflanzenmaterial, fein gepolstert

„Stigelit – stigelit!“ Sein Ruf erklingt häufig – isoliert oder als Einleitung einer Gesangsvorführung – und verhalf ihm zu seinem Namen. Fast noch bekannter ist er unter der Bezeichnung Distelfink, denn die feinen Samen der Disteln gehören zu seiner Lieblingsnahrung.

Geschickt klettern Stieglitze an den Stängeln empor, um an die Fruchtstände zu gelangen. Dünnere Halme umfassen die Leichtgewichte zu mehreren, Sonnenblumen und andere kräftige Gewächse fliegen sie direkt an. Erst nachdem eine Pflanze gründlich abgesammelt wurde, wechseln die Clownsgesichter zur nächsten.

→ **Disteln** Seine Leibspeise wirkt auf ihn wie ein Magnet. Geschickt öffnet er die Samen.

LOCKMITTEL
Mit Sonnenblumen und Disteln locken wir Stieglitze in unseren Garten. Ab dem Spätsommer werden die Finken davon magisch angezogen und sind dann leicht zu beobachten.

BUNTSPECHT 024

Schwarz-weiß-roter Zimmermann

Vielseitig nutzt der Buntspecht seinen Schnabel. Er stochert in morschem Holz nach Larven und Insekten, ritzt Baumrinde zum Auflecken des Pflanzensaftes an, meißelt Löcher zur Nahrungssuche oder zimmert sich eine Bruthöhle. Diese wird mit Holzspänen gepolstert.

Spechtschmiede Um die Samen aus Zapfen zu hacken, Eicheln und Haselnüsse zu öffnen, klemmt er sie in Astgabeln, Risse oder Nischen , den sogenannten Spechtschmieden, ein. Ab Februar erschallt weithin hörbar sein Trommeln aus Wäldern und Parkanlagen. Es dient der Verständigung. Ein Trommelwirbel besteht aus bis zu zwanzig Schlägen innerhalb einer Sekunde. Hohle Baumstämme oder dünne Äste und manchmal auch Metallpfosten dienen als Verstärker.

WISSENSCHAFTLICH
Dendrocopus major

LÄNGE
23–26 cm

BEI UNS
ganzjährig

BRUT
1 x im Jahr; Nest in selbst gezimmerten Höhlen

WOHNUNGSBAU
Mit dem Erhalt alter Bäume helfen wir dem Buntspecht, denn er zimmert seine Höhle in abgestorbenes Holz. Die verlassenen Spechthöhlen dienen anderen Vogelarten als Nistplatz.

GRÜNSPECHT 025

Ameisenjäger am Boden

WISSENSCHAFTLICH
Picus viridis

LÄNGE
30–36 cm

BEI UNS
ganzjährig

BRUT
1 x im Jahr; in vorhandenen oder selbst gezimmerten Höhlen

Laute Lacher Der Grünspecht trommelt nur selten und macht eher durch seine gellenden Balzrufe auf sich aufmerksam. Sie erinnern an Gelächter und sind weithin hörbar. Er bezieht bevorzugt vorhandene Höhlen oder zimmert sich eine Kinderstube in morsches Holz.

Seine Zunge ist klebrig, mit Widerhaken versehen und mehr als 10 cm lang. Sie dient als Angelrute, seine Hauptbeute sind Ameisen. Zur Nahrungssuche halten sich Grünspechte daher überwiegend am Boden auf. Systematisch fliegen sie Wegränder, Böschungen und Rasenflächen nach Ameisennestern ab, heben mit dem Schnabel Moosdecken hoch und hacken Löcher in den Boden, um Ameisen, Larven und Eier mit der Zunge aus ihren Gängen herauszufischen.

WELLENFLUG

Nach einer Störung fliegen Grünspechte oft weit weg. Ihre Flugweise ist wellenförmig: Lange Gleitphasen mit eng angelegten Flügeln wechseln sich mit kurzen Schlagphasen ab.

← **Der Wangenstreif** des Weibchens ist einfarbig schwarz.

EICHELHÄHER

026

Wächter des Waldes

Während der Brutzeit leben Eichelhäher heimlich und versteckt, danach streifen sie umher und sind leichter zu beobachten. Die Wächter des Waldes zeigen mit lautem Rätschen an, dass sie uns oder einen anderen Feind erspäht haben, und warnen die Tierwelt so vor der Gefahr. Im Sommer überwiegt tierische Kost. Das Wintermenü besteht hauptsächlich aus Eicheln, Nüssen und Bucheckern. Eichelhäher halten sich meistens nur kurz am Futterplatz auf. Sie sammeln Nüsse und andere Samen im Schnabel und fliegen damit an einen ruhigen Ort zum Fressen.

Im Herbst legen sie Speisekammern an. Fühlen sich Eichelhäher beim Vergraben beobachtet, wird das Versteck verlegt. Die Vögel merken sich ihre Depots genau und finden diese sogar unter Schnee wieder. Überschüssige Samen keimen – so trägt der Eichelhäher zur Verjüngung der Wälder bei.

WISSENSCHAFTLICH
Garrulus glandarius

LÄNGE
32 bis 35 cm

BEI UNS
ganzjährig

BRUT
1 x im Jahr; Reisignest aus kleinen Ästen und Zweigen in Bäumen

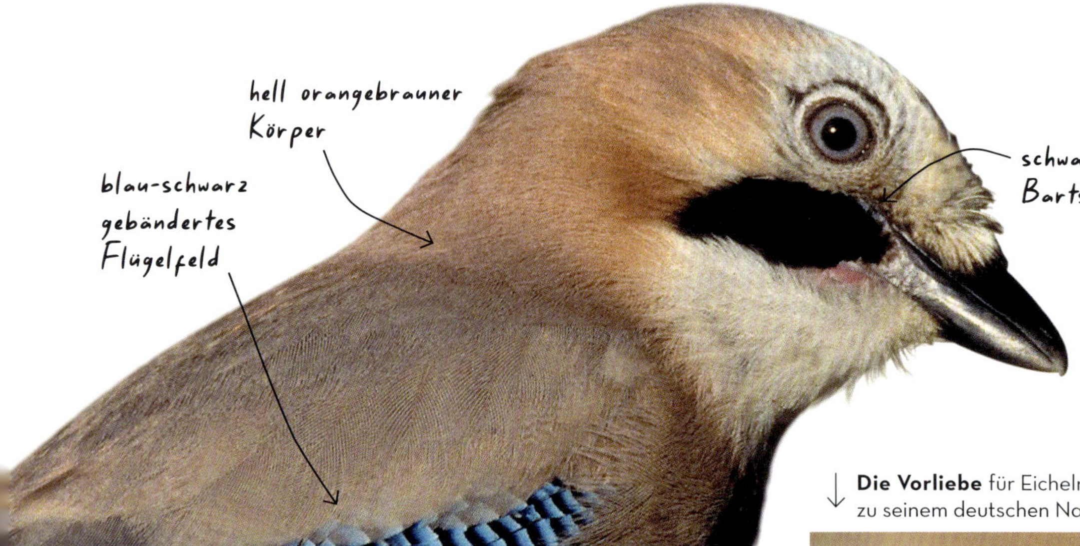

Die **Vorliebe** für Eicheln führte zu seinem deutschen Namen.

TURMFALKE 027

Jagt Mäuse im Rüttelflug

WISSENSCHAFTLICH
Falco tinnunculus

LÄNGE
31–37 cm

BEI UNS
ganzjährig

BRUT
1 x im Jahr; Nest in Bäumen, Felsen oder Gebäuden, in verlassenen Nestern, Nischen, Höhlen und Nistkästen

Mit breit gefächertem Schwanz, schnellen Flügelschlägen und gebeugtem Kopf fliegt ein Vogel über einer Wiese auf der Stelle: Ein Turmfalke im Rüttelflug hält Ausschau nach Mäusen und deren Urinspuren. Da Urin UV-Licht reflektiert und Turmfalken dieses sehen können, sind sie so in der Lage, die Mäuse ausfindig zu machen. Das funktioniert sogar durch geschlossene Schneedecken.

Eine weitere Jagdtechnik ist der Ansitz von erhöhten Warten. In beiden Fällen erbeutet der Falke seine Opfer im plötzlichen Sturzflug. Neben Mäusen und anderen Kleinsäugern frisst er auch große Insekten, Eidechsen und Kleinvögel.

→ **Auf der Stelle** Der Rüttelflug ist charakteristisch für den Turmfalken. Daher wird er auch Rüttelfalke genannt. Hier siehst du gut die schwarze Schwanzendbinde.

↑ **Das Weibchen** hat einen warm braun gefärbten Kopf, eine braune Oberseite und eine schwarze Schwanzendbinde.

IGEL 028

Mit Getöse durch das Unterholz

Nicht zu überhören Wenn die Dämmerung einsetzt, erwacht der Igel in seinem Schlafnest und begibt sich auf Nahrungssuche. Wenn er seine vertrauten Bahnen durch den Garten zieht, hört man es laut rascheln und schmatzen, denn er schiebt seine Nase unter alle Blätter, um Insekten, Würmer, Schnecken, Amphibien oder auch die Gelege bodenbrütender Vögel aufzuspüren. Manchmal ist zusätzlich ein lautes Quietschen, Prusten und Bellen zu vernehmen – dann begegnen sich zwei Igel, was bei diesen Einzelgängern offenbar immer mit größeren Emotionen verbunden ist. Den Tag verbringen Igel normalerweise in Nestern unter Hecken oder Holzstapeln. In Aufzuchtnestern werden im Sommer bis zu fünf Junge geboren und dort rund drei Wochen gesäugt. Mit ausreichenden Fettreserven überwintern Igel in Nestern in Komposthaufen oder sogar unter Gebäuden.

WISSENSCHAFTLICH
Erinaceus europaeus

LÄNGE
25–30 cm

AKTIVITÄT
April–Okt., Dämmerung, nachts

LEBENSRÄUME
Gärten, Parks, Hecken

↑ **Markenzeichen** Mit ihrem Stachelkleid sind Igel bei uns unverwechselbar.

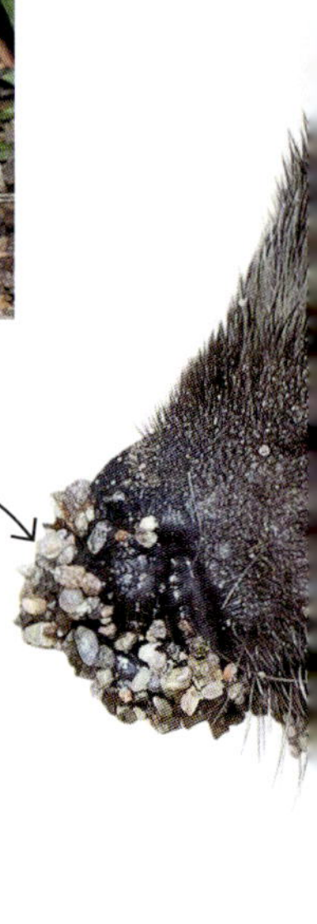

8000 STACHELN

Igel schützen sich mit rund 8000 Stacheln, die 2–3 cm lang werden. Bei Gefahr rollen sie sich ein, um die ungeschützten Bereiche im Gesicht und auf der Bauchseite zu verbergen.

EICHHÖRNCHEN

029

Akrobatischer Sympathieträger

Gut zu beobachten Eichhörnchen sehen niedlich aus und begeistern uns mit ihren rasanten Turneinlagen im Geäst. Wer einen Walnussbaum im Garten hat, kann im Herbst beobachten, wie das Eichhörnchen ihn systematisch aberntet und in Verstecken Vorräte für den Winter anlegt. Zu seiner Nahrung zählen außerdem Eicheln, Haselnüsse und die Samen in Fichtenzapfen. Im Winter bedient es sich an Vogelfutterstellen.

Ganz schön taff Eichhörnchen sind territorial und untereinander recht aggressiv. Sogar zur Paarungszeit müssen Männchen in wilden Verfolgungsjagden erst ihre Fitness beweisen, bevor sie sich dem Weibchen nähern dürfen. Die Jungen werden 40 Tage lang von ihrer Mutter gewärmt und gesäugt, bevor sie ihnen erstmals feste Nahrung bringt. Um an proteinreiche Nahrung zu kommen, erbeutet sie dann Insekten und räubert auch Vogelnester aus.

WISSENSCHAFTLICH
Sciurus vulgaris

LÄNGE
20–25 cm (ohne Schwanz)

AKTIVITÄT
ganzjährig

LEBENSRÄUME
Gärten, Parks, Wälder

↑ **Kobel** Eichhörnchen bauen ihre runden, kuschelig gepolsterten Nester (Kobel) aus Zweigen, Rinde und Laub in Baumhöhlen oder frei im Geäst.

RINGELNATTER

Zu Unrecht gefürchtet

WISSENSCHAFTLICH
Natrix natrix

LÄNGE
75–180 cm

AKTIVITÄT
März–Okt.

LEBENSRÄUME
strukturreiche Lebensräume mit Gewässern

Ungefährlich Schlangen lösen leider bei vielen Menschen immer noch einen Reflex des Unbehagens aus. Die Ringelnatter ist jedoch völlig harmlos. Und eigentlich eine große Attraktion, denn wie alle heimischen Reptilien leidet sie sehr unter dem Verlust von Lebensräumen, dem Straßenverkehr, aber auch dem zunehmenden Druck durch Feinde wie Wildschweine und streunende Katzen. Fühlt sie sich bedroht, ergreift sie ganz plötzlich die Flucht oder stellt sich tot. In die Hand nehmen sollte man sie lieber nicht, denn sie kann eine übel riechende Flüssigkeit aus ihrer Kloake absondern.

Lebt gerne ufernah Die Ringelnatter ist eine höchst elegante Schwimmerin, was man auch im Gartenteich beobachten kann, wenn sie auf Amphibienjagd geht. Am Ufer sonnt sie sich gern ausgiebig, manchmal sogar auf der Terrasse. Nach der Überwinterung erfolgt im April oder Mai die Paarung.

hellgelbe „Halbmondflecken" hinter dem Kopf

KOMPOSTHAUFEN
Ringelnattern mögen Komposthaufen. Ihre Eier lassen sie darin von der Fäulniswärme „ausbrüten". Manchmal überwintern sie auch hier – oder unter Steinen, in der Erde oder sogar in Kellern.

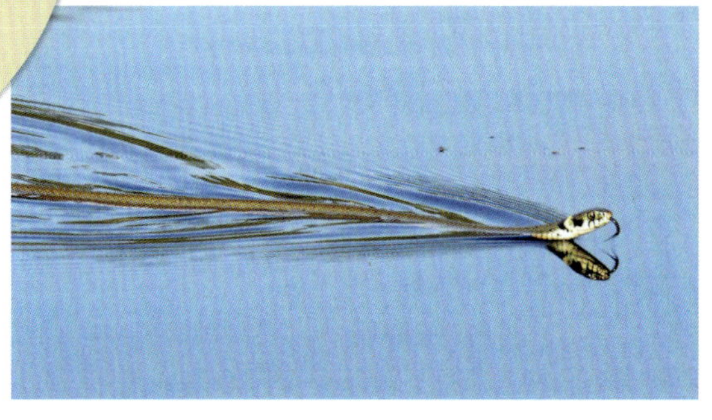

→ **Schwimmerin** Ringelnattern schlängeln sich sehr elegant durchs Wasser.

REGENWURM

Helfer bei der Bodenverbesserung

Bester Gartenhelfer Bei der Gartenarbeit sind Regenwürmer in der Erde, aber auch unter Totholz und Laub am Boden zu finden. Sie zersetzen Pflanzenmaterial und sind dadurch die wohl wichtigsten Humusbildner im Garten. Außerdem lockern und belüften sie mit ihren bis zu drei Meter tiefen Gängen den Boden. Seine Aktivitäten verraten den Regenwurm oft, denn er zieht gern altes Falllaub in seine Gänge hinein, das dann auffällig aus dem Boden ragt, und hinterlässt kleine krümelige Kothäufchen an der Oberfläche.

Vorwärts und rückwärts Bei der Fortbewegung wirken Ring- und Längsmuskeln sowie die Borsten, die an der Außenseite aller Körpersegmente sitzen, zusammen. Auf Lichtreize und Erschütterungen reagieren Regenwürmer mit Flucht, sie können vor- und rückwärtskriechen.

♀♂

WISSENSCHAFTLICH
Lumbricus terrestris

LÄNGE
9–30 cm

AKTIVITÄT
März–Dez.

LEBENSRÄUME
Gärten, Parks, Wiesen

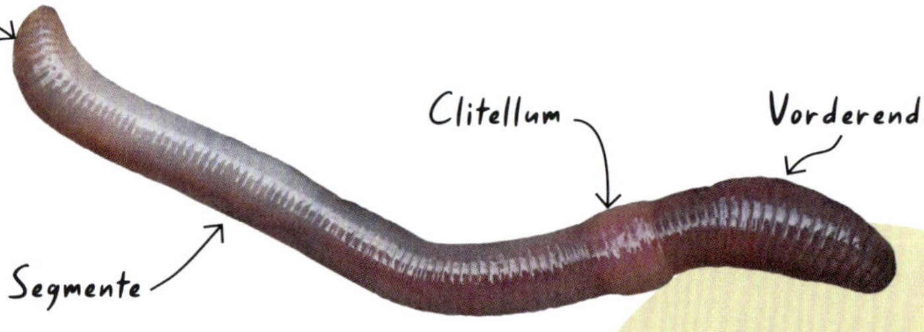

MIT GÜRTEL
Das Clitellum, ein heller Gürtel, spielt bei den zwittrigen Würmern eine wichtige Rolle bei der Paarung und der Produktion von Sekreten, die aushärten und Kokons um die Eier bilden.

←
Kothäufchen Hier war ein Regenwurm fleißig.

GARTENKREUZSPINNE

Mit Radnetz auf Insektenfang

WISSENSCHAFTLICH
Araneus diadematus

LÄNGE
5–17 mm

AKTIVITÄT
April–Okt.

LEBENSRÄUME
Gärten, Waldränder, Brachflächen

Meisterin des Beutefangs Meist spinnt die weibliche Gartenkreuzspinne ihr großes, symmetrisches Radnetz im Schutz der Dunkelheit. Außen liegt ein tragender Rahmen aus stabilen Fäden, der an Zweigen oder Dachvorsprüngen befestigt wird. Von der Nabe in der Mitte verlaufen die Speichen (Radien) nach außen. Darauf wird eine enge Spirale aus klebrigen Fäden angelegt, in der sich fliegende Insekten hoffnungslos verfangen können. Die Spinne lauert in der Mitte des Netzes oder im nahegelegenen Schlupfwinkel. Dort spürt sie jede Bewegung im Netz über einen Signalfaden. Blitzschnell eilt sie zur Beute, wickelt sie in Spinnseide ein und lähmt sie mit Giftbissen. Dann löst sie ihre Beute sorgfältig aus dem Netz heraus, transportiert sie zum Zentrum des Netzes und saugt sie aus. Geraten währenddessen weitere Beutetiere ins Netz, werden sie eingesponnen und verbleiben dort als Vorrat.

blattförmige Muster

WEIBCHEN

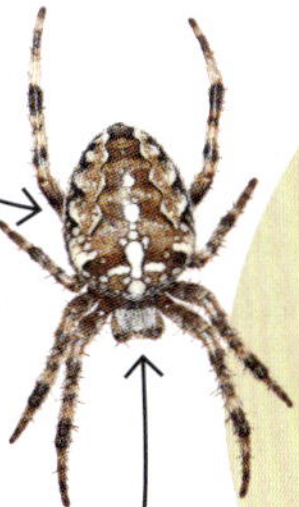

weißes Kreuz

MÄNNCHEN

Die zierlichen Männchen sind an dicken Tastern, den Pedipalpen, zu erkennen. Sie nähern sich den Weibchen behutsam und testen deren Paarungsbereitschaft mit Zupfsignalen.

↓ **Erwischt** Dieses Weibchen hat eine wehrhafte Wespe erbeutet.

← **Ohne Netz** Erwachsene Männchen (Ansicht von der Unterseite) bauen kein Netz mehr, sondern streifen auf der Suche nach einer Partnerin umher.

ASIATISCHER MARIENKÄFER

Vom Nützling zum unbeliebten Räuber

Durchsetzungsstarker Einwanderer Der Asiatische Marienkäfer ist mittlerweile zweifellos der häufigste Marienkäfer in unseren Gärten und hat heimische Arten wie den Siebenpunkt und insbesondere den Zweipunkt längst in die zweite Reihe gedrängt. Er ist äußerst variabel gefärbt, was man besonders gut erkennen kann, wenn er sich in der kalten Jahreszeit massenhaft auf Fensterbänken und in Türrahmen einfindet. Er stammt aus Ostasien und wurde im 20. Jahrhundert in Amerika und Europa zur biologischen Schädlingsbekämpfung eingesetzt: Sowohl als Larve als auch als erwachsener Käfer vertilgt er täglich unzählige Blattläuse. Seit er sich jedoch etwa im Jahr 2000 in West- und Mitteleuropa auszubreiten begann, wurde deutlich, dass er auch andere Blattlausräuber verspeist und ihnen als Konkurrent deutlich überlegen ist.

WISSENSCHAFTLICH
Harmonia axyridis

LÄNGE
6–8 mm

AKTIVITÄT
April–Okt.

LEBENSRÄUME
Gärten, Parks, Feldgehölze, Wälder

←
Siebenpunkt Unser häufigster einheimischer Marienkäfer hat, wie der Name schon sagt, immer genau sieben Punkte.

LARVE

Wer Blattlauskolonien an Büschen im Garten absucht, findet dort oft die schwarzen Larven des Asiatischen Marienkäfers, die orangefarbene Borstenreihen tragen.

→
Puppe Auch die Puppe des Asiatischen Marienkäfers ist bunt.

GEMEINE FLORFLIEGE

Filigrane Schönheit

WISSENSCHAFTLICH
Chrysoperla carnea

LÄNGE
10–15 mm

AKTIVITÄT
März–Okt.

LEBENSRÄUME
nahezu überall

Originalgröße

Zartes Goldauge Dass Florfliegen keine Fliegen sind, sondern zur Ordnung der Netzflügler zählen, sieht man ihren zarten, von einem dichten Adernetz durchzogenen Flügeln unmittelbar an. Besonders hübsch sind die golden schimmernden Augen, weshalb man sie auch als Goldaugen bezeichnet. Hinter der Gemeinen Florfliege verbirgt sich ein Komplex aus mehreren Arten, die man äußerlich nicht unterscheiden kann.

Blattläuse, Pollen und Nektar Da sich die Larven von Blattläusen und anderen kleinen Insekten ernähren, setzt man sie ähnlich wie einige Marienkäfer- und Schwebfliegenarten gern als biologische Schädlingsbekämpfer ein. Erwachsene Florfliegen sieht man gelegentlich an Blüten, wo sie Pollen und Nektar aufnehmen. Sie sind auch nachts aktiv und fliegen dann zum Licht.

HERBSTFÄRBUNG

Die Gemeine Florfliege verfärbt sich im Herbst bräunlich und sucht zur Überwinterung Verstecke auf. Man kann sie dann auf Fensterbänken und Dachböden antreffen.

↑ **Schädlingsbekämpfer** Die Florfliegenlarve jagt gern Blattläuse.

ÜBERWINTERUNGSHILFEN

Hier schlafen Tiere gut

Unordentlicher Garten
In einem unordentlichen Garten finden viele Tiere ganz von alleine einen Schlafplatz für den Winter. In hohlen Pflanzenstängeln, unter Laub- und Reisighaufen oder zwischen Steinen machen sie es sich für den Winter gemütlich. Aber nicht jeder hat einen Garten und nicht überall ist so eine kleine Wildnis möglich. Trotzdem gibt es einige Möglichkeiten, den Tieren durch den Winter zu helfen.

Igelhäuschen
Wo kein Platz ist für einen großen Laubhaufen, da findet vielleicht ein Igelhäuschen Platz. Man kann es selbst bauen oder auch fertig kaufen. Wichtig ist, dass der schlafende Igel darin vor Fressfeinden geschützt ist. Ein gutes Igelhäuschen besteht aus Holz und hat eine Eingangs- und eine Schlafkammer, die über einen Labyrintheingang voneinander getrennt sind. Sinnvoll ist ein abnehmbares Dach, damit man das Häuschen im Frühling, wenn der Igel wieder wach ist, gut reinigen kann. Es sollte ungefähr 40 Zentimeter lang, 30 Zentimeter breit und 25 Zentimeter hoch sein. Man kann etwas Stroh hineingeben, das den Igel zusätzlich vor der Kälte schützt.

↑ **Insektenhotel** Nisthilfen aus unterschiedlichen Materialien und mit verschiedenen Lochgrößen – hier finden alle möglichen Arten die passende Unterkunft.

← **Igelhaus** Igel verbringen nicht nur den Winterschlaf in so einem Schutzhäuschen, sondern nutzen es auch gerne als Tagesversteck.

Insektenhotel
Viele Insekten überwintern nicht als ausgewachsenes Tier, sondern als Ei, Larve oder Puppe. Darum ist es sinnvoll, schon rechtzeitig im Jahr Nisthilfen aufzustellen. Dort legen vor allem Wildbienen ihre Eier ab, der Nachwuchs überwintert und schlüpft dann im Frühjahr. Nisthilfen für Wildbienen kann man fertig kaufen oder selbst bauen. Die Löcher müssen einen passenden Durchmesser (2,5 bis 10 Millimeter) haben und innen schön glatt sein, damit sich die Bienen daran

PROJEKT OHRWURMHOTEL

Du brauchst

- leerer Blumentopf
- Heu
- kleine Stöcke
- Schnur

So geht's

1 Stopfe den Blumentopf gut mit Heu aus.

2 Klemme zwei Stöckchen über Kreuz in die Öffnung, damit das Heu nicht herausfällt.

3 Hänge das Ohrwurmhotel an einer Schnur in einen Baum oder Strauch.

Wenn du Lust hast, kannst du den Blumentopf vor dem Befüllen auch noch bunt bemalen.

1

2

3

nicht ihre Flügel verletzen. Die Röhren dürfen nicht zu kurz sein: mindestens sechs, besser zehn Zentimeter lang.

Eichhörnchenkobel

Eichhörnchen machen keinen Winterschlaf, sie halten Winterruhe. Das heißt, sie wachen immer mal wieder auf und fressen von ihren Nussvorräten. Zwischendurch schlafen sie in ihrem Nest, das man Kobel nennt. Fertige Eichhörnchenkobel aus Holz kann man kaufen. Dabei ist es wichtig, dass sie mindestens zwei, besser drei Ein- und Ausgänge haben. Einen Kobel aus Naturmaterial selbst zu flechten ist ein schönes Herbstprojekt.

→ **Grundkonstruktion** Aus biegsamen Zweigen, Ästen und Schnur eine Kugel formen. Sie sollte etwa 40 Zentimeter Durchmesser haben.

↓ **Endausbau** Im oberen Bereich der Kugel dienen Rindenstücke als Regenschutz. Die Ritzen werden mit Heu, Stroh, Moos und Reisig ausgestopft.

LÖWENZAHN

Pusteblume mit Flugsamen

Verwandlung Die gelben Zungenblüten tragen an ihrem Grund bereits die weißen Haare der späteren Flugsamen. Nach einigen Tagen der Blüte schließen sich die Köpfchen und die Samen reifen heran. Dies geschieht auch, wenn keine Befruchtung stattfindet. Die Reife ist schnell abgeschlossen und bei trockenem Wetter wölbt sich der Blütenboden zu einer Halbkugel und präsentiert die Früchte: kleine Schirmchen, die vom Wind bis zu 10 km weit getragen werden. Der Stängel ist in der Zwischenzeit noch weiter gewachsen, um den Samen einen möglichst hohen Startpunkt für ihren Flug zu bieten.

Nährstoffzeiger Das Meer aus orangegelben Löwenzahnblüten auf Wiesen und Weiden im Frühling ist hübsch anzusehen, aber es ist auch ein Zeichen für starke Überdüngung.

WISSENSCHAFTLICH
Taraxacum officinale

WUCHSHÖHE
5–40 cm

BLÜTEZEIT
April–Juli

STANDORT
Wiesen, Weiden, Äcker, Wegränder

→
Davongeflogen Der Wind trägt die Samen in alle Himmelsrichtungen.

GÄNSEBLÜMCHEN

Macht die Blüten auf und zu

WISSENSCHAFTLICH
Bellis perennis

WUCHSHÖHE
5–15 cm

BLÜTEZEIT
Jan.–Nov., Hauptblüte März–Juni

STANDORT
Wiesen, Weiden, Parkrasen

Es darf gemäht werden Keine Rasenfläche ohne die Blüten der lichtliebenden Gänseblümchen. Erst der regelmäßige Schnitt durch den Rasenmäher, der die grundständige Blattrosette nicht erreicht, ermöglicht den Gänseblümchen das Wachstum zwischen den konkurrenzstarken Gräsern.

Schutzmechanismus Die kleinen Blütenkörbchen erscheinen sehr früh im Jahr und auch in milden Wintern sind sie zu finden. Nachts und bei Regen richten sich die weißen Zungenblüten nach oben und umschließen schützend die gelben Röhrenblüten. Vormittags öffnen sich die Blüten und drehen sich auf den langen Stielen den Tag über dem Sonnenstand folgend. Nach kalten Nächten färben sich die weißen Zungenblüten pink. Der Farbstoff stellt offenbar einen Frostschutz dar.

↑ **Probier mal** Gänseblümchen schmecken richtig lecker. Versuche sie mit etwas Salz auf einem Butterbrot.

BLUMENKRANZ

Spalte den Stiel unterhalb des Blütenköpfchens mit dem Fingernagel. Stecke durch diesen Spalt ein weiteres Gänseblümchen. Wieder spalten, wieder durchstecken – fertig ist der Kopfschmuck.

WEGWARTE

Kaffee vom Wegesrand

Blüht nur kurz An sonnigen Wegrändern und auf kahlen Flächen wachsen die sparrigen Pflanzen, deren Blüten nach nur einem halben Tag bereits gegen die Mittagszeit welken.

Salat und Ersatzkaffee Eine Varietät der Gewöhnlichen Wegwarte ist der Chicorée. Seine Wurzeln werden im Herbst ausgegraben und in abgedunkelten Räumen gelagert, sodass eine bleiche gelbliche Knospe hervorsprießt, die als gedünstetes Gemüse oder roh als Salat gegessen wird. Auch die Wurzel selbst ist geröstet und gerieben als „Zichorienkaffee“ seit dem 17. Jahrhundert verbreitet oder wird roh als Tee zur Behandlung von Appetitlosigkeit und Völlegefühl verwendet.

WISSENSCHAFTLICH
Cichorium intybus

WUCHSHÖHE
30–150 cm

BLÜTEZEIT
Juli–Okt.

STANDORT
Weg- und Ackerränder, offene Böden

←
Koffeinfrei Im Herbst kann man die Wurzeln sammeln, trocknen und rösten und einen Ersatzkaffee daraus kochen.

SCHAFGARBE

Nur die Blätter sind lecker

WISSENSCHAFTLICH
Achillea millefolium

WUCHSHÖHE
20–120 cm

BLÜTEZEIT
Juni–Okt.

STANDORT
Wiesen, Weiden, Trockenrasen, Wegränder

Halme bleiben stehen Schafe fressen die Blätter, doch verschmähen die zähen Stängel und Blütenstände, die daher im Herbst auf Weiden auffällige Sträuße bilden.

Heldenhafte Heilkraft Die Schafgarbe ist eine alte Heilpflanze, deren Wundheilungskraft der Legende nach vom griechischen Helden Achilles entdeckt wurde und sich auch in Kräuterbüchern des Mittelalters findet. Das Kraut findet vielfältige Anwendungen und wird unter anderem als Appetitanreger, zur Behandlung von Verdauungsbeschwerden und bei kleinen, oberflächlichen Wunden eingesetzt.

WUNDTINKTUR

Ganze Pflanze kleinschneiden und mit 40%igem Alkohol übergießen. 2–3 Wochen ziehen lassen, dann absieben. Zur Wundbehandlung mit Wasser verdünnen.

↑ **Alle Pflanzenteile** können in Kräutersalz gemischt werden.

SPITZWEGERICH

Hilft gegen Juckreiz und Husten

Hoch hinaus Der Spitzwegerich wächst auf Wiesen und Weiden, wo er mit seinen schlanken Blättern zwischen den Gräsern kaum auffällt, bis die langen Blütenstängel mit den kurzen Ähren erscheinen. Sie überragen das Gras und sehen aus, als würden kleine Feen über die Wiese tanzen.

Wiesenpflaster Spitzwegerich enthält Aucubin und Gerbstoffe, die entzündungshemmend und antibakteriell wirken. Die frischen Blätter, zerrieben auf die Haut gedrückt, lindern den Juckreiz von Mückenstichen oder Brennnesselwunden und helfen, im Ganzen aufgelegt, bei wund gelaufenen Füßen. Seit der Antike ist Spitzwegerich eine bekannte Heilpflanze. Tee aus den Blättern und gepresster Pflanzensaft wirken lindernd bei Husten und Entzündungen im Rachen. Die Pflanze enthält Schleimstoffe, die sich schützend auf die Entzündung legen und den Hustenreiz mindern.

WISSENSCHAFTLICH
Plantago lanceolata

WUCHSHÖHE
5–50 cm

BLÜTEZEIT
Mai–Sep.

LEBENSRÄUME
Wiesen, Weiden, Wegränder

← **Hustenhonig** Klein geschnittene, frische Blätter, in Honig eingelegt, helfen gegen Husten. Medizin, die schmeckt.

BRENNNESSEL

Wird nicht gerne angefasst

WISSENSCHAFTLICH
Urtica dioica

WUCHSHÖHE
60–150 cm

BLÜTEZEIT
Juli–Okt.

LEBENSRÄUME
Wegränder, Gärten, Laubwälder

Ganz schön wehrhaft Blätter und Stängel sind von filigranen Brennhaaren bedeckt, die an ihrer Spitze durch eine winzige Kugel verschlossen sind. Diese bricht bei der leichtesten Berührung ab und die durch Kieselsäure zu spitzen Injektionsnadeln verstärkten Haare können dann mühelos in die Haut eindringen. Durch den Druck auf die Basis des Brennhaars wird ein Giftcocktail aus Histamin, Serotonin und Acetylcholin wie durch eine Kanüle unter die Haut gespritzt. Das verursacht einen brennenden Schmerz und einen nesselnden Ausschlag.

Stickstoffzeiger Die Große Brennnessel wächst auf besonders nährstoffreichen Böden an Wegrändern, in Gärten und in feuchten, lichten Laubwäldern meist in großen Gruppen.

← **Unterschied** Die weiblichen Fruchtstände (rechts) sind voller Samen und hängen schwer herab, die verblühten männlichen Blüten (links) sind leicht und stehen ab.

ZWEIHÄUSIG

Bei der Brennnessel gibt es männliche und weibliche Pflanzen. Du kannst sie an ihren Blüten- und Fruchtständen unterscheiden – schau dir das Foto an.

WASSERMINZE

Kühlt und erfrischt

Mutter der Pfefferminze Aus der Wasserminze und einer weiteren wilden Minzeart wurde durch Kreuzung die bekannte Pfefferminze gezüchtet. Wasserminze schmeckt milder als Pfefferminze und man kann unglaublich viel damit machen: Blätter und Blüten frisch und getrocknet für alle Gerichte verwenden, zu denen Minze passt – vom Kräuterquark bis zum Schokodessert. Außerdem ist sie eine wirkungsvolle Heilpflanze, die gegen Kopfschmerzen, Übelkeit und Verdauungsbeschwerden hilft.

Minze mag nasse Füße Die Wasserminze wächst, wie ihr Name schon sagt, gerne dort, wo es feucht, aber auch sonnig ist. Dann kann sie dichte Bestände bilden und sich über lange unterirdische Wurzelausläufer verbreiten.

WISSENSCHAFTLICH
Mentha aquatica

BLÜTE
Juli–Okt.

WUCHSHÖHE
20–80 cm

STANDORT
Ufer, feuchte Wiesen und Wälder

GRASGRÜNE LIMO
Eine Handvoll Minzeblätter mit dem Saft von zwei Limetten und einem Liter kaltem Wasser pürieren. Die Limo über Eiswürfel gießen, nach Geschmack leicht süßen – erfrischend!

HERBSTZEITLOSE

Giftige Herbstbotin

WISSENSCHAFTLICH
Colchicum autumnale

BLÜTE
Aug.–Nov.

WUCHSHÖHE
4–40 cm

STANDORT
feuchte Wiesen

Blüten und Blätter getrennt Wenn im Frühherbst die Blütenpracht des Sommers verwelkt ist, erscheinen wie in einem zweiten Frühling die krokusartigen, schlanken, blasslila Blüten der hochgiftigen Herbstzeitlosen. Bei der Herbstzeitlosen sind Blätter und Blüten nie zur gleichen Zeit zu sehen, denn die Blätter erscheinen im Frühsommer zusammen mit den unreifen Kapselfrüchten und sind längst wieder verschwunden, wenn die Blütezeit beginnt.

Hochgiftig! Die Herbstzeitlose gehört zu den giftigsten einheimischen Pflanzen. Der Wirkstoff Colchicin befindet sich in allen Pflanzenteilen. Wie so oft gilt auch hier: Die Dosis macht das Gift. Der Wirkstoff wird nämlich auch in medizinischen Anwendungen, zum Beispiel bei der Behandlung von Gicht, eingesetzt.

WALNUSS

Harte Schale, leckerer Kern

Verjagt Konkurrenten und Schädlinge Blätter und Blüten treiben zusammen erst im Mai aus. Danach geben die Blätter Zimtsäure und Juglon ab, die mit dem Regen und beim Abbau der Blätter in den Boden gelangen. Dadurch schränkt der Baum das Wachstum anderer Pflanzen ein, damit für ihn mehr Nährstoffe bleiben. Du kannst das gut beobachten: Unter einem Walnussbaum wächst fast nichts. Auch gegen Insekten scheinen die Blätter zu helfen. Früher wurden sie unter die Einstreu für das Vieh gemischt, um Flöhe, Milben und Läuse zu vertreiben.

WISSENSCHAFTLICH
Juglans regia

WUCHSHÖHE
bis 30 m

BLÜTEZEIT
Mai

STANDORT
Gärten, Parks, wärmeliebend

← **Haarfarbe** Aus den Fruchtschalen kann man einen Farbstoff gewinnen, der die Haare schön nussbraun färbt.

← **Reif** Über die leckeren Walnüsse freuen sich im Herbst Menschen und auch viele Tiere.

KNUSPERNÜSSE

300 g Nusskerne mit 1 EL Öl und 2 EL Honig mischen. Im Ofen bei 200 °C 10–15 Minuten rösten, dabei ab und zu wenden. Abkühlen lassen, in einem Schraubglas aufbewahren oder gleich vernaschen.

ROSSKASTANIE

Blüten mit Ampelfunktion

Ampel für Insekten Die einzelnen Blüten stehen in Blütenrispen und tragen gelbe, orange und rote Saftmale. Für Bienen ein wichtiges Signal, denn daran erkennen sie, wo es noch Nektar zu holen gibt. Bei Gelb und Orange ist noch Nektar vorhanden, bei Rot gibt es nichts mehr.

Schädling macht die Blätter braun An vielen Bäumen werden die Blätter noch vor dem Herbst braun. Der Grund ist die Rosskastanienminiermotte, die sich seit etwa 30 Jahren in Mitteleuropa ausbreitet. Ihre Larven sind so klein, dass sie sich zwischen Blattober- und -unterseite durchfressen können und so die Blätter vorzeitig zum Absterben bringen. Zum Glück scheinen sie die Bäume damit nicht dauerhaft zu schädigen.

WISSENSCHAFTLICH
Aesculus hippocastanum

WUCHSHÖHE
bis 20 m

BLÜTEZEIT
Mai–Juni

STANDORT
Parks, Alleen, Gärten

→ **Kastanienseife** Zerschneide einige Kastanien, gib sie in Wasser und rühre eine Weile kräftig um. Das Wasser beginnt zu schäumen, man kann sich damit die Hände und sogar Kleidung waschen.

← **Blütenkerzen** Die Blütenstände der Kastanien werden 20–30 cm lang und stehen wie Kerzen auf den Zweigen. Viele Insekten finden hier Nektar.

NEUANKÖMMLING
In Mitteleuropa wurde die Rosskastanie erst vor etwa 450 Jahren eingeführt. Vorher war sie auf ein relativ kleines Gebiet auf dem Balkan beschränkt.

ungleichmäßig gesägt
5 bis 7 Fiederblätter
Fiederblätter sitzen gemeinsam an einem Stiel.

SCHLEHE

Lecker nach dem ersten Frost

Dornröschenhecke Schlehen breiten sich vor allem über Wurzelausläufer aus und bilden schnell undurchdringliche Dornenhecken. Meist wächst die Schlehe als Busch oder Hecke, selten als mehrstämmiger Baum. Hauptsache, sie bekommt ausreichend Licht.

Blüht früh, schmeckt spät Schon im März sind die weiß blühenden Hecken überall zu sehen – die Blüten erscheinen dabei immer vor den Blättern. Vielen Wildtieren bieten sie mit ihren spitzen Dornen sicheren Unterschlupf oder dienen ihnen als Futter. Aus ökologischer Sicht sind sie damit eines unserer wichtigsten Wildgehölze. Die sauren und herben Früchte sind erst nach dem ersten Frost genießbar. Meist wird Marmelade, Saft oder Likör daraus gemacht.

WISSENSCHAFTLICH
Prunus spinosa

WUCHSHÖHE
1–4 m

BLÜTEZEIT
März–Mai

STANDORT
Feldhecken, trockene Waldränder

SCHWARZDORN
Die Schlehe wird auch Schwarzdorn genannt, weil ihre Rinde fast ganz schwarz ist. Und Dornen hat sie natürlich auch – ganz schön spitze sogar!

Wachsüberzug Eine dünne Wachsschicht lässt die Früchte wie bereift aussehen. Die Schlehe ist die Urform von Pflaumen und Mirabellen.

HUNDSROSE

Hier wachsen Hagebutten

WISSENSCHAFTLICH
Rosa canina

WUCHSHÖHE
1–3 m

BLÜTEZEIT
Juni

STANDORT
Gebüsche, Hecken, Waldränder

Rundum lecker Am bekanntesten ist sicher der Hagebuttentee, der aus den Schalen der roten Früchte zubereitet wird. Dafür werden die Samen der Hagebutten entfernt und die geteilten Beeren dann getrocknet. Die Kerne gelten getrocknet und gemahlen sogar als Superfood. Aus den reifen Hagebutten lässt sich eine leckere Marmelade kochen. Am einfachsten, indem man sie als Ganzes mit Wasser oder Apfelsaft kocht und dann durch ein feines Sieb streicht. In Skandinavien wird gerne eine fruchtige Suppe aus den Früchten gemacht. Mit den Blütenblättern lassen sich Tee, Süßspeisen, Essig und Gelee aromatisieren.

KERNLESTEE
Aus den getrockneten Samen kann man ebenfalls Tee kochen. Die Kerne mit Mörser leicht zerstoßen und 10 Minuten köcheln lassen. Schmeckt fein nach Vanille.

↑ **Juckpulver** In der Frucht befinden sich viele Samen mit feinen Härchen, die auf der Haut ganz gemein jucken.

HASELNUSS

Energiereiches Winterfutter

Die Erste nach der Eiszeit Nach der Eiszeit, um etwa 6000 v. Chr., war die Hasel so weit verbreitet, dass dieser Zeitraum manchmal als „Haselzeit“ bezeichnet wird. Sie wurde dann aber schnell durch Schatten werfende Bäume verdrängt.

Viel genutzt Berühmt sind natürlich die leckeren Nüsse der Hasel. Mit 60 Prozent Fettanteil sind sie richtige Energiebomben, und viele Tiere fressen sich damit den nötigen Winterspeck an oder sammeln sie als Wintervorrat. Auch die geraden und biegsamen Ruten wurden früher vielfach genutzt. Komplettes Zurückschneiden übersteht die Hasel gut.

WISSENSCHAFTLICH
Corylus avellana

WUCHSHÖHE
2–4 m

BLÜTEZEIT
Feb.–April

STANDORT
Hecken, Gebüsche, Waldränder

← **Energiereich** Aus den leckeren Nüssen kann man einen gesunden Brotaufstrich machen, das Rezept findest du auf Seite 135.

BLUTHASEL

Von der Hasel gibt es verschiedene Gartenformen, z. B. die Bluthasel mit purpurroten bis rotbraunen Blättern. Sie wird gerne gepflanzt, weil sie gut schnittverträglich ist.

SCHWARZER HOLUNDER

Duftende Blüten, glänzende Beeren

WISSENSCHAFTLICH
Sambucus nigra

WUCHSHÖHE
3–7 m

BLÜTEZEIT
Juni–Juli

STANDORT
Wegränder, Hecken, Lichtungen, Stickstoffzeiger

Strauch der Frau Holle Er ist ein strauch- bis baumförmiges Gehölz, das sonnige, nährstoffreiche, leicht feuchte Böden mag. Man findet ihn in Auwäldern, Hecken und an Waldrändern. Bei den Germanen war der Holunder ein heiliger Baum, der in keinem Garten fehlen durfte, da in ihm die Hausgöttin Holda oder Holla (Frau Holle) wohnte und das Haus gegen Feuer, Blitz und Hexerei schützen sollte.

Heißbegehrte Beeren Außerdem ist der Holunder ein wirksames Hausmittel gegen Fieber, Erkältungen, Grippe, Nieren- und Blasenleiden. Roh sind die Beeren leicht giftig, sie müssen vor dem Verzehr erhitzt werden. Auch unter den Vögeln sind die Früchte heiß begehrt, kaum sind sie reif sind sie auch schon aufgefressen. Die energiereichen Beeren dienen vielen Vogelarten als Treibstoff für den Zug in den Süden.

→ **Blüten** Die cremeweißen Blütendolden duften ganz charakteristisch, man verwendet sie gerne für Sirup.

↑ **Früchte** Die fast schwarzen Früchte färben intensiv. Man sollte sie immer erhitzen, bevor man sie isst, da sie das leicht giftige Sambunigrin enthalten.

NÜSSE UND WILDFRÜCHTE

Leckeres für den Vorrat

Selbst sammeln
Schnapp dir einen Korb und ziehe einfach mal los, du wirst sicher fündig. Jetzt im Herbst sind Brombeeren, Hagebutten, Weißdorn, Holunder und vielleicht schon erste Schlehen reif. Hasel- und Walnüsse, aber auch Bucheckern warten darauf, geknackt zu werden.

Marmelade und Gelee
Ganz klassisch kann man aus allen essbaren Wildfrüchten Marmelade und Gelee kochen. Das funktioniert genau wie beim „normalen“ Rezept, der Geschmack ist aber viel intensiver. Du brauchst ein Kilo Früchte oder einen Liter Fruchtsaft und kochst ihn dann nach Packungsangabe mit Gelierzucker. Noch heiß in saubere Schraubgläser füllen und fertig ist der Vorrat für den Winter.

Fruchtessig
Wer es weniger süß mag, der kann es mal mit Essig probieren. Erwärme einen halben Liter hellen Balsamicoessig mit einem Esslöffel Honig. Diesen Sud gießt du über die Früchte deiner Wahl, z. B. Brombeeren, Hagebutten oder Weißdornbeeren, und lässt den Ansatz drei Wochen ziehen. Dann absieben, in eine saubere Flasche füllen und im Kühlschrank aufbewahren.

Früchtepunsch
Du brauchst etwa vier Hände voll Wildfrüchte. Schlehen, Hagebutten, Holunder, einzeln oder auch gemischt, schmecken besonders gut. Die Früchte in einem Liter Apfelsaft für etwa 15 Minuten köcheln lassen und nach Geschmack mit etwas Zimt würzen. Durch ein Sieb abgießen und noch heiß in saubere Flaschen füllen. Hält sich im Kühlschrank einige Wochen und tut richtig gut, wenn man durchgefroren von draußen kommt.

↓ **Brombeerbalsamico** bekommt eine leuchtend rote Farbe und gibt Salatdressings einen tollen fruchtigen Geschmack.

→
Bitte bestimmen
Viele der Wildfrüchte, die jetzt reif werden, sind lecker und gesund. Wichtig ist: Du musst dir immer ganz sicher sein, was du sammelst. Im Zweifel lieber hängen lassen.

Nadelsalz
Das duftet schon fast nach Weihnachten: ein selbstgemachtes Fichtennadelsalz, das man sowohl zum Würzen als auch als Badezusatz verwenden kann. Dafür gibst du Fichtennadeln und grobes Meersalz im Verhältnis eins zu eins in einen Mixer oder Mörser und verreibst alles gründlich, bis sich Nadeln und Salz gut miteinander verbunden haben. Das Salz im Backofen bei 40 Grad trocknen lassen und dann in ein dicht schließendes Glas füllen.

Wurzelkaffee
Jetzt im Herbst kannst du die Wurzeln des Löwenzahns ausgraben und einen wilden, koffeinfreien Kaffee daraus zubereiten. Die Wurzeln mit einer Bürste gründlich abschrubben, in feine Scheiben schneiden und in einer Pfanne ohne Fett langsam rösten. Die gerösteten Wurzelstücke fein vermahlen und wie Kaffee aufbrühen. Bitter, aber sehr bekömmlich.

↑ **Nadelsalz** Fichtennadeln und Salz müssen richtig kräftig gemörsert und miteinander vermischt werden.

PROJEKT SCHOKO-NUSS-AUFSTRICH

Du brauchst

- 2 Hände ganze Haselnüsse
- 100 g Butter
- 1 EL Kakaopulver
- 1 EL Honig
- 1 EL Zucker
- Schraubglas

So geht's

1 Knacke die Nüsse und mahle sie so fein wie möglich, z. B. mit einer kleinen Handmühle oder in einer Küchenmaschine.

2 Alle Zutaten in eine Schüssel geben, über dem Wasserbad erwärmen, bis die Butter schmilzt, und gut vermischen.

3 Den fertigen Aufstrich noch warm in ein Schraubglas füllen. Lecker auf frischem Brot!

1

2

3

Auch im WINTER ist was los

Auch im WINTER ist was los

Keine tote Jahreszeit
In der Natur ist es ruhig geworden, die Bäume sind kahl und alles scheint zu schlafen. Aber wer ein bisschen genauer hinschaut, der stellt fest, dass auch im Winter noch einiges los ist.

Tierspuren im Schnee
Wenn es geschneit hat, kann man gut Tierspuren entdecken. Im Schnee sind Pfoten- oder Fußabdrücke oft besonders deutlich zu erkennen. Geh auf Spurensuche und schau mal, wer vielleicht in der vergangenen Nacht unterwegs war.

Vogelfutter selbst machen
Im Winter ist es für die Vögel oft ganz schön schwer, ausreichend Futter zu finden. Es macht Spaß, selbst Vogelfutter herzustellen und die Vögel damit zu unterstützen. Ideen findest du auf den Seiten 144 und 145. Am Futterhäuschen kann man viele Vögel auch besonders gut beobachten, weil sie uns da ziemlich nahekommen. Leg schon mal ein Fernglas bereit.

Barbarazweige
Es ist ein schöner Brauch, am Barbaratag, dem vierten Dezember, Zweige von Obstbäumen zu schneiden und in eine Vase zu stellen. Pünktlich zu Weihnachten gehen dann die Blüten auf. Probiere es mal aus.

DAS BESTE AM WINTER

- Die Vögel am Futterhäuschen beobachten.
- Tierspuren im Schnee entdecken.
- Rodeln gehen und Schneeballschlacht machen.
- Barbarazweige in die Vase stellen.
- Räuchern in den Raunächten.
- Bei Kerzenschein den Winter genießen.
- Weihnachten feiern.

WER WAR DENN HIER?

Schneeengel kennst du sicher. Du kannst aber auch Tierspuren nachahmen oder dir eigene Abdrücke ausdenken. Schneeschaufeln eignen sich prima für tolle Muster.

← **Winterspaß** Warm eingepackt kann uns der Winter nichts anhaben – nix wie raus in die Natur! Mal schauen, was es zu entdecken gibt.

↑ **Gut besucht** Am Futterhäuschen ist jetzt richtig was los und es kommen oft Arten, die man in den anderen Jahreszeiten selten zu Gesicht bekommt.

→ **Stimmungsvoll** Mit Naturmaterialien und Kerzenlicht kann man sich den Winter so richtig gemütlich machen.

KOHLMEISE 030

Schwarzer Kopf und gelber Bauch

Die Kohlmeise ist sehr anpassungsfähig. Sie besiedelt Wälder, Parks, Friedhöfe und Gärten bis in die Innenstädte. Sowohl beim Balzgesang als auch bei der Jungenaufzucht oder dem Bad in der Vogeltränke – Kohlmeisen gehören zu den häufigsten Gartenvögeln und sind ganzjährig zu beobachten. Im Kampf um den besten Nistplatz ist unsere größte und kräftigste Meise anderen Höhlenbrütern meistens überlegen. Findig werden gelegentlich auch Briefkästen, Stiefel, Gießkannen oder Mülltonnen zum Brüten umfunktioniert.

Bei strahlendem Sonnenschein singen die Männchen bereits im tiefsten Winter, um das eigene Revier gegenüber Rivalen zu behaupten und den Weibchen zu imponieren. Ihr Schnabel ist kraftvoll genug, um Sonnenblumenkerne, Bucheckern und Haselnüsse aufzumeißeln.

WISSENSCHAFTLICH
Parus major

LÄNGE
13,5–15 cm

BEI UNS
ganzjährig

BRUT
1–2 x im Jahr; Nest in Baumhöhlen und Nistkästen

→ **Jungvögel** haben gelbliche Wangen ohne den unteren schwarzen Bogen.

↑ **Kühles Nass** Diese Kohlmeise nimmt ein ausgiebiges Bad.

BLAUMEISE 031

Turnt kopfüber durchs Geäst

WISSENSCHAFTLICH
Cyanistes caeruleus

LÄNGE
10,5–12 cm

BEI UNS
ganzjährig

BRUT
1 x im Jahr; Nest in Baumhöhlen, Spalten, Nistkästen

Die Blaumeise ist federleicht. Sie wiegt nur 9 bis 12 g – ein Vorteil bei der Nahrungssuche. Geschickt turnt sie bis in die äußersten, dünnen Zweigspitzen durch Büsche und Bäume, häufig kopfüber oder an einem Bein hangelnd.

Auf der Speisekarte stehen Insekten, Spinnen und Sämereien. Mit ihrem kräftigen Allesfresser-Schnabel ist sie in der Lage, sowohl Sonnenblumenkerne aufzubeißen als auch die in Knospen, Gallen, eingerollten Blättern oder Totholz verborgenen Larven herauszuhacken. Im Winter versorgt sie sich auf diese Weise mit Insekten, die in Schilfhalmen versteckt sind.

→ **Abenteuer** Die junge Blaumeise wird bald ihre ersten Flugversuche wagen.

KLEINE SCHLUPFLÖCHER

Blaumeisen sind Stammgäste im Garten und auf dem Balkon. Biete ihnen Nistkästen mit einem Einflugloch von 26 bis 27 mm Durchmesser – so bleiben größere Arten außen vor.

ROTKEHLCHEN 032

Mit schwarzen Knopfaugen

Wenig scheu hüpft das Rotkehlchen mitunter in unmittelbarer Nähe der Menschen, um die bei der Gartenarbeit nach oben beförderten Bodentiere aufzupicken. Es gehört zu den häufigsten Brutvögeln und ist regelmäßig in unseren Gärten anzutreffen.

Seine wehmütige Melodie erklingt morgens etwa 50 bis 60 Minuten vor Sonnenaufgang und in der Abenddämmerung. Auf einem Ast sitzend wirbt das Männchen so um Weibchen oder zeigt sein Revier an. Letzteres wird bisweilen handfest verteidigt, denn untereinander sind die kleinen Vögel unverträglich und aggressiv. Im Streit kann es zu Kämpfen mit Verletzten oder sogar Toten kommen.

WISSENSCHAFTLICH
Erithacus rubecula

LÄNGE
12,5–14 cm

BEI UNS
ganzjährig

BRUT
2 x im Jahr; Napfnest in Bodennähe unter Wurzeln und in Nischen, Halbhöhlen

SCHMUDDELECKE

Mit einer Schmuddelecke aus dichtem Unterholz oder mit Holzhaufen unter Büschen lockst du Rotkehlchen in deinen Garten, die in solchen Schlupfwinkeln ihr Nest bauen.

↓ **Perfekte Tarnung** Junge Rotkehlchen sind braun geschuppt.

← **Bodennahe Futterstellen** nehmen Rotkehlchen gern an.

GIMPEL

033

Kompakt und rundlich

WISSENSCHAFTLICH
Pyrrhula pyrrhula

LÄNGE
15,5–17,5 cm

BEI UNS
ganzjährig

BRUT
2 x im Jahr; Napfnest aus Reisig, Stängeln und Wurzeln in Sträuchern und Bäumen

Die behäbige Gestalt in Kombination mit dem Federkleid erinnert an einen Domherrn. Daher heißt der Gimpel auch Dompfaff. Er ist darauf spezialisiert, Blatt- und Blütenknospen von Bäumen abzuzwicken oder Schalen zu knacken, um an die Samen zu gelangen. Gimpel erscheinen in der Regel paarweise am Winterfutterplatz. Zur Brutzeit leben sie sehr heimlich und bleiben uns meistens verborgen.

Wer ihren Gesang kennt, kann Gimpel entdecken. Er ist vor allem in den Mittagsstunden zu hören. So wie viele andere weibliche Singvögel singen auch Gimpelweibchen. Ihre Melodien erklingen überwiegend erst nach der Aufzucht der Jungen. Gimpelkinder lernen den Gesang von ihren Eltern. Würden wir die Küken in ein fremdes Nest setzen, würden sie die Lieder der Adoptiveltern übernehmen.

← **Das Weibchen** hat einen beigegrauen Bauch mit leichtem Rosaton.

MÄNNCHEN

VOGELFUTTER SELBER MACHEN

Leckeres für hungrige Schnäbel

Energietankstelle für Vögel
Wildvögel bevorzugen ganz klar immer die Nahrung, die sie in freier Natur selbst finden können: Spinnen, Insekten oder Samen von Wildkräutern und -stauden. Egal ob im Sommer oder im Winter. Nur da, wo diese knapp werden – und das sind sie leider bereits in sehr vielen Gebieten –, greifen sie auf Futterstellen zurück. So werden vom Menschen errichtete Futterplätze vielerorts zu überlebenswichtigen Tankstellen, an denen Vögel ihre Energiereserven aufstocken können.

Der beste Energiespender ist hochwertiges Fett, vermischt mit ölhaltigen Sämereien. Denn Fett kann ohne große Umwege schnell in der Flugmuskulatur der Vögel verbrannt werden. Aber bitte keine Margarine oder einfaches Frittierfett verfüttern, das bekommt Vögeln nicht. Bewährt hat sich über viele Jahre Palmin, das zu 100 Prozent aus reinem Kokosfett besteht. Es härtet nach dem Schmelzen wieder sehr gut aus und bleibt so so zuverlässig in Form.

Eiweißreiche Insekten sind die Leibspeise der meisten Gartenvögel. Neben Meisenknödeln oder hochwertigen „Energiekuchen" aus dem Zoofachhandel fliegen viele Gartenvögel deshalb besonders auf angebotene Mehlwürmer. Du bekommst sie als Lebendfutter oder auch gefriergetrocknet in Zoogeschäften und auch online. Bitte beachte, dass getrocknete Mehlwürmer vor dem Auslegen unbedingt eingeweicht werden sollten!

→
↓ **Lecker** Eiweißreiche Insekten sind die Leibspeise der meisten Gartenvögel im Sommer.

PROJEKT MEISENKNÖDEL

Du brauchst

- 1 kg Palmin
- 3 Esslöffel Speiseöl
- 1 kg Körnermischung (Getreideflocken, Sonnenblumenkerne, Mohn, Hirse, Erdnussbruch)

So geht's

1 Schmelze Fett und Öl auf kleiner Flamme, gib die Körner hinein und lasse das Gemisch abkühlen.

2 Hände mit warmem Wasser befeuchten, Knödel rollen und die Knödel in übrigen Körnern wälzen.

3 Die Knödel in Halterung aus Metall geben, das kann auch ein Schneebesen sein, und aufhängen. Für Meisenknödel ohne Plastiknetz gibt es auch verschiedene wiederbefüllbare Knödelhalterungen zu kaufen.

1

2

3

Körner, Nüsse, Samen
Sonnenblumenkerne sind die Klassiker. Sie schmecken vielen Arten und liefern durch ihren hohen Fettanteil wertvolle Energie. Auch Erdnüsse, Haselnüsse und Walnüsse werden vor allem von Vögeln mit kräftigeren Schnäbeln gerne gefressen. Für zartere Schnäbel sollten diese groben Kerne und Nüsse fein gehackt werden. Außerdem freuen sich diese Arten auch über feinere Sämereien wie Mohn, Hirse oder Ramtillsaat. Fast unwiderstehlich finden die meisten Vögel geölte Haferflocken. Die kannst du ganz einfach selbst machen, indem du 300 ml Sonnenblumenöl in einem Topf leicht erwärmst und ein Kilo Hafer- oder andere Getreideflocken dazugibst. Gut durchrühren, abkühlen lassen und fertig ist das leckere Vogelmüsli.

Gut geschützt
Das Futter sollte man hygienisch und vor Feuchtigkeit geschützt anbieten. Der Klassiker ist das Futterhäuschen, bei dem man darauf achtet, dass das Dach möglichst weiter übersteht, damit das Futter nicht nass wird. Mit einem abnehmbaren Dach kann man es außerdem gut befüllen und reinigen.

↑ **Wasser** Auch im Winter haben Vögel Durst. Mit einer Grabkerze darunter kann man eine Tränke bauen, in der das Wasser nicht einfriert.

RINGELTAUBE 034

Klatscht mit den Flügeln

Unsere größte Taube ist die Ringeltaube. Im Frühling führen die Männchen ihren Revierflug vor. In einem steilen Bogen und mit pfeifenden Flügelschlägen fliegen sie 20 bis 30 m in die Höhe. Dann erklingen peitschende Schläge. Das Klatschen entsteht beim Zusammenschlagen der Flügel. Bis zu neun Mal klatschen die Vögel während des Aufstiegs. Dann gleiten sie mit ausgebreiteten Schwingen und gespreiztem Schwanz langsam wieder nach unten. Das Flügelklatschen wird auch eingesetzt, um Feinde abzuschrecken. Ringeltauben ernähren sich überwiegend von Samen, Blättern, Knospen, Blüten und Beeren. Im Winter suchen die stattlichen Tauben auf dem Boden unter einer Futterstelle nach heruntergefallenen Haferflocken. Auch Getreide und Mais nehmen sie dort gerne an.

WISSENSCHAFTLICH
Columba palumbus

LÄNGE
38–43 cm

BEI UNS
ganzjährig

BRUT
2–3 x im Jahr; ungepolstertes Reisignest in Bäumen

↑ **Auf und ab** So sieht der typische Balzflug aus.

IM WINTER

können wir Ringeltauben auch bei der Nahrungssuche auf abgeernteten Feldern beobachten. Im Garten erscheinen sie regelmäßig am Futterplatz und an der Vogeltränke.

← **Turteln** gehört bei den Ringeltauben natürlich auch zur Paarbindung dazu.

↑ **Im Flug** fallen die charakteristischen weißen Flügelstreifen sowie der weiße Halsring auf.

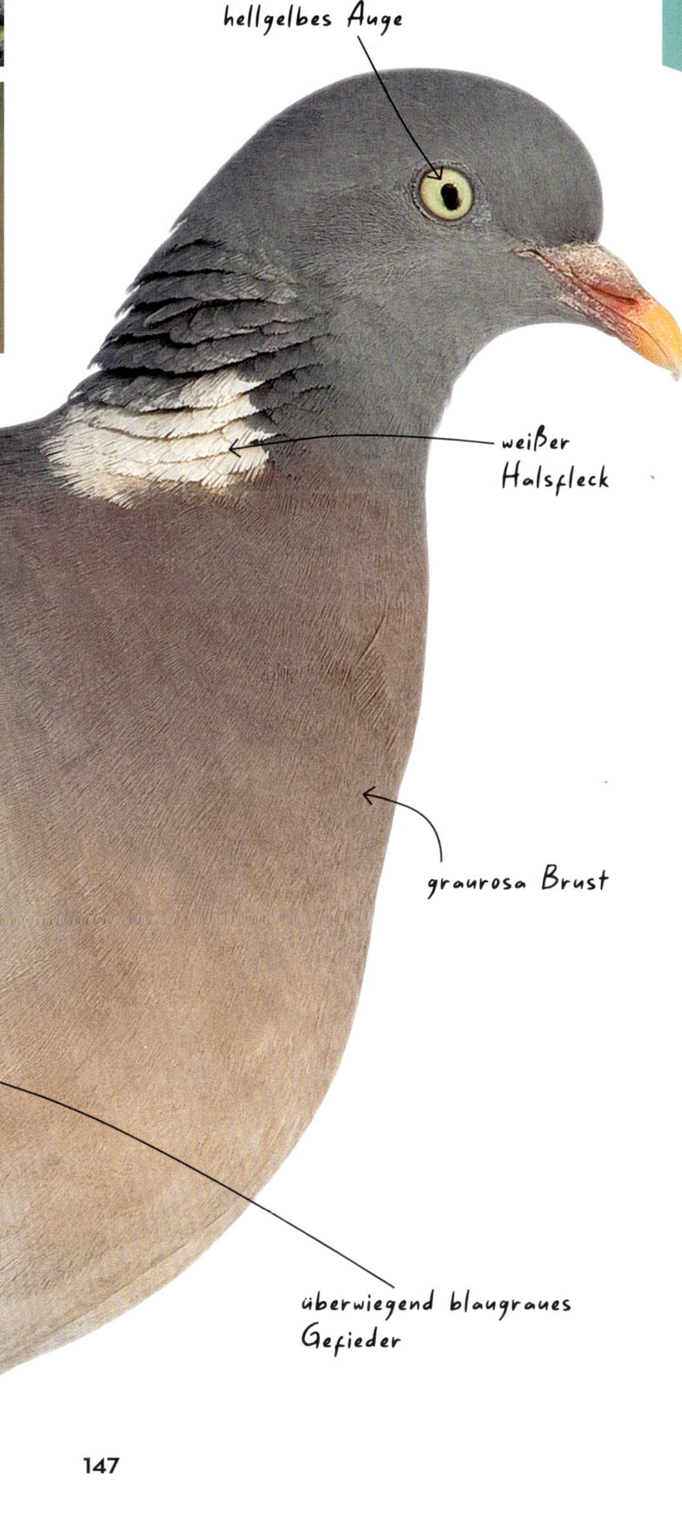

ELSTER 035

Schlau und neugierig

Zu den intelligentesten Vögeln zählen die Elstern. Sie können ihr eigenes Spiegelbild und Artgenossen individuell erkennen, spielen gerne untereinander oder mit Gegenständen, nutzen Stöckchen, um an Futter zu gelangen. Sie leben in halboffenen Landschaften mit hohen Bäumen.

Eier und Küken bilden in der Regel nur einen unbedeutenden Anteil ihrer Ernährung. Daher ist die Sorge, dass die Allesfresser durch das Ausrauben von Nestern die Kleinvogelbestände gefährden, unbegründet. Zudem haben sich die Beutetiere im Laufe der Evolution an Verluste durch Jäger angepasst und gleichen dies durch Ersatzbruten sowie hohe Kinderzahlen aus.

IM GARTEN

suchen Elstern bevorzugt auf dem Rasen oder im Komposthaufen nach Insekten, Regenwürmern, Schnecken und anderen Kleintieren und sammeln Früchte, Beeren und Samen.

←
Unverkennbar Mit ihrem langen Schwanz und dem schwarzweißen Gefieder ist die Elster leicht zu bestimmen.

WISSENSCHAFTLICH
Pica pica

LÄNGE
40–51 cm (20–30 cm Schwanz)

BEI UNS
ganzjährig

BRUT
1 x im Jahr; großes überdachtes Kugelnest aus Reisig in hohen Bäumen

→

Ziemlich groß Ihre Nester sind zum Teil überdachte Horste, die auch mehrfach benutzt werden.

RABENKRÄHE

036

Sie frisst fast alles

Allgegenwärtig Die Rabenkrähe ist ein weit verbreiteter Bewohner der offenen und halboffenen Landschaften. Als Kulturfolger brütet sie vielerorts im Siedlungsbereich von Dörfern und Städten. Die Allesfresser sind anpassungsfähig und nutzen diverse Nahrungsquellen. Auf Feldern, Wiesen, an Straßenrändern, in Komposthaufen und auf Müllkippen suchen sie nach Essbarem: Insekten, Würmer, Schnecken, kleine Wirbeltiere, Samen, Aas und Abfälle stehen auf dem Speiseplan. Ihr Nest bauen sie auf Bäumen oder Masten. Es dient später Turmfalken oder Waldohreulen als Niststätte. Außerhalb der Brutzeit leben sie sehr gesellig.

GROSSER APPETIT

Rabenkrähen tragen auf natürliche Weise zur Schädlingsbekämpfung bei, indem sie insbesondere zur Brutzeit unzählige Schnecken, Raupen, Käfer und Mäuse fressen.

Schlau Rabenkrähen werfen Nüsse aus großer Höhe auf den Boden, um sie durch den Aufprall zum Platzen zu bringen.

WISSENSCHAFTLICH
Corvus corone

LÄNGE
44–51 cm

BEI UNS
ganzjährig

BRUT
1 x im Jahr; Reisignest aus Ästen und Zweigen in Bäumen

↑ **Die Nebelkrähe** ist so groß wie die Rabenkrähe und vertritt diese bei uns östlich der Elbe. Unverwechselbar ist sie durch ihr graues Körpergefieder, die schwarzen Flügel und den schwarzen Kopf.

ROTFUCHS 037

Heimlicher Räuber in der Stadt

Füchse leben mitten unter uns, auch wenn sie, wie so viele nachtaktive Mitbewohner, nur selten bemerkt werden. In Städten begegnet man Füchsen immer häufiger auch am Tag, denn sie haben gelernt, dass sie von Menschen nichts zu befürchten haben. Die meiste Zeit des Tages verschlafen sie allerdings in wechselnden Verstecken in dichtem Gebüsch oder in Hohlräumen unter Gebäuden. Auch wenn sie ihr Revier im Familienverband nutzen, begeben sich Füchse allein auf die Nahrungssuche. Sie profitieren sehr von menschlichen Abfällen, nutzen aber ebenso Beeren und Früchte.

Außerdem sind sie geschickte Jäger: Sie graben Regenwürmer und Käferlarven aus, erbeuten mit geübten Sprüngen Mäuse und Wühlmäuse und sind natürlich eine berüchtigte Gefahr für alle nicht ausreichend gesicherten Haustiere, von Meerschweinchen bis zu Hühnern. In der winterlichen Paarungszeit hört man heisere Rufe. Zu Frühlingsbeginn werden die Jungen in Erdbauten geboren und begeben sich nach drei bis vier Wochen erstmals nach draußen.

WISSENSCHAFTLICH
Vulpes vulpes

LÄNGE
50–90 cm (ohne Schwanz)

AKTIVITÄT
ganzjährig; nachts, teilweise auch tagsüber

LEBENSRÄUME
Wälder, Felder, Städte und Dörfer

↑ **Buddeln** Dieser Fuchs gräbt Junikäferlarven aus dem Rasen aus.

BEOBACHTUNGSTIPP

Das nächtliche Treiben von Füchsen und anderen nachtaktiven Säugetieren wie Waschbären und Mardern kann man durch die Installation von Wildkameras im Garten dokumentieren.

↑ **Angstfrei** In der Stadt zeigen Füchse wenig Scheu.

BROMBEERE

Auch noch im Winter grün

Immer grün Frische Blätter findet man fast das ganze Jahr über, da sie an den Spitzen der Ranken immer neu austreiben. Die Blätter sind daher auch ein tolles Winterfutter für Zwergkaninchen. Auf den Rippen der Blattunterseite haben sie oft Stacheln, mit denen Kaninchen gut klarkommen. Die getrockneten Blätter ergeben für uns einen gesunden Tee, da die darin enthaltenen Gerbstoffe entzündungshemmend wirken.

Beeren im Sommer Die Beeren, eigentlich Sammelsteinfrüchte, reifen etwa ab Juli nach und nach und schmecken erst in voller Reife richtig gut, wenn sie fast schwarz sind und sich leicht von der Ranke lösen lassen. Man kann sie vielseitig verarbeiten: als Marmelade, Saft, Essig, Likör, für Kuchen, Quark und Joghurt. Wer die vielen Kerne nicht mag, muss sie erst durch ein feines Sieb streichen. Du kannst die Beeren im Sommer einfrieren und erst im Winter, wenn du mehr Zeit hast, zu Marmelade verarbeiten.

WISSENSCHAFTLICH
Rubus fruticosus

WUCHSHÖHE
1–2 m

BLÜTEZEIT
Mai–Juni

STANDORT
Gebüsche, Hecken, Wald- und Wegränder

← **Gleichzeitig** Reife und unreife Früchte findet man oft gemeinsam an den Ranken.

HIMBEERE

Die Himbeere hat ganz ähnliche Blätter wie die Brombeere, jedoch ohne Stacheln. Die reifen Früchte bleiben rot und sind weicher als Brombeeren.

WALDKIEFER

Pinzettennadeln als Markenzeichen

WISSENSCHAFTLICH
Pinus sylvestris

WUCHSHÖHE
bis 40 m

BLÜTEZEIT
Mai–Juni

STANDORT
anspruchslos, trockene, nährstoffarme Böden

Brennt gut Der Name Kiefer leitet sich vom „Kienspan" ab, einem länglichen Stück Kiefernholz, das als Feuerholz oder Lichtquelle genutzt wurde. Das harzreiche Holz brennt relativ gut und kontrolliert ab.

Kommt häufig vor Nach der Fichte ist die Waldkiefer der zweithäufigste Baum hierzulande. Von Europa bis Ostsibirien ist sie die am weitesten verbreitete Kiefer überhaupt. Sie steht sowohl auf trockenen, sandigen als auch auf nassen, moorigen Böden. Auf den sandigen, eiszeitlichen Böden in Norddeutschland wird sie plantagenartig für die Holzindustrie angepflanzt. Aber auch dort werden diese Wälder zunehmend in Mischwälder umgewandelt. Im Frühjahr ist die Waldkiefer für einen Großteil des gelben Pollenstaubs verantwortlich, der dann fast alle Flächen bedeckt.

Nadeln immer zu zweit („Pinzette")

Geflügelte Samen Aus den reifen Zapfen fallen geflügelte Samen, die vom Wind verbreitet werden.

männlicher Blütenstand

verkleinert

WEISSTANNE

Oh Tannenbaum, oh Tannenbaum

Flache, weiche Nadeln Die Weißtanne hat flache, vorne stumpfe, ziemlich weiche Nadeln mit zwei breiten weißen Wachsstreifen auf der Unterseite. Die Nadeln sitzen mit ihrem scheibenartig verdickten Stiel – das sieht aus wie ein kleiner Saugnapf – direkt am Zweig. Tannenzapfen stehen aufrecht auf den Zweigen und fallen in einzelnen Schuppen ab. Daher findet man in der Regel keine Tannenzapfen auf dem Boden.

Schmeckt leider gut Da junge Tannen bei Rehen und Rotwild ganz oben auf der Speisekarte stehen, ist in wildreichen Gebieten eine Naturverjüngung kaum möglich. So wird die Weißtanne ohne Hilfe immer seltener in den Wäldern.

WISSENSCHAFTLICH
Abies alba

WUCHSHÖHE
bis 50 m

BLÜTEZEIT
Mai–Juni

STANDORT
Wälder in höheren Lagen

TRÄGT SCHEITEL

Die Tannennadeln sitzen gescheitelt am Zweig, das heißt, sie gehen gleichmäßig zu beiden Seiten ab. Fichtennadeln sind rings um den Zweig verteilt.

FICHTE

Mag es kühl und feucht

WISSENSCHAFTLICH
Picea abies

WUCHSHÖHE
bis 50 m

BLÜTEZEIT
April–Juni

STANDORT
häufiger Forstbaum, auf feuchten Böden

Die Fichte sticht, die Tanne nicht – so kann man sich den Unterschied zwischen diesen beiden Baumarten sehr gut merken. Die Nadeln der Fichte sind rund bis vierkantig, ziemlich starr und richtig spitz. Einfach mal anfassen, dann merkt man den Unterschied.

Hat es immer schwerer Mit dem Klimawandel kommen schwere Zeiten auf die Fichtenmonokulturen zu. Besonders die langen trockenen Sommer lassen viele Fichten absterben oder schwächen sie stark. Den Rest erledigen die Borkenkäfer. Auch starke Stürme lassen die Flachwurzler reihenweise umstürzen. Fichten können aber auch sehr alt werden: Mit 9550 Jahren ist eine schwedische Fichte der älteste Baum der Erde.

Hängend Die Zapfen der Fichte hängen am Zweig, fallen als Ganzes ab und du kannst sie am Boden finden.

MAIWIPFEL

Die ganz frischen, hellgrünen Triebe im Frühjahr werden Maiwipfel genannt. Sie schmecken erfrischend zitronig und enthalten viel Vitamin C. Man kann Sirup daraus kochen.

DIE ARTEN IN DIESEM BUCH

Mitmach-Ideen

SELBERMACHEN MACHT SPASS!

Vom Ohrwurmhotel bis zum Regenbogensalz findest du hier viele Mitmach-Ideen. Probiere sie aus.

BILDNACHWEIS

Mit 305 Fotos von **F. Adam** (4): S. 12 re, 15 u, 49 li, 143 re; **AdobeStock** (2): S. 21, 99 u; **H. Bellmann/F. Hecker** (2): S. 41 li, 56 o; **Blickwinkel/F. Hecker** (2): S. 105 re, 107 li; **F. Buchhorn/F. Hecker** (3): S. 4 u, 44/45, 115 li; **M. Danegger** (1): S. 17 u; **H.-J. Fünfstück** (1): S. 148; **H. Fürst** (2): S. 101 li, 141 u; **T. Grüner** (2): S. 13 re, 52 li, 100 re; **F. Hecker** (187): S. 1, 3 o, 4 o, 5 beide, 8/9, 11 alle drei, 13 li., 14 beide, 15 o, 18 re, 20, 22 beide, 23 alle fünf, 24 re, 26 li, 29 uli, 30 beide, 31, 32 beide, 33 beide, 34 beide, 35 beide, 36 o, 37, 38 beide, 39 alle vier, 40 beide, 41 ore, 42 beide, 43 beide, 47 m, 47 u, 49 re, 50 li, 55 oli, 59 o, 59 ure, 60 u, 69 re, 70 beide, 71 beide, 72 beide, 73, 74 beide, 75 beide, 76 beide, 77 beide, 78 beide, 79 beide, 80 beide, 81 beide, 82 beide, 83 beide, 84 beide, 85 alle vier, 86 beide, 87 alle drei, 88, 89 beide, 90 beide, 91 beide, 92 beide, 93 beide, 94 alle drei, 95 beide, 96/97, 99 o, 100 oli, 102 ure, 104, 106 li, 112 u, 116 beide, 117 alle fünf, 118 beide, 119 beide, 120 beide, 121 beide, 122 beide, 123 beide, 124 beide, 125, 126 beide, 127, 128 beide, 129, 130 beide, 131 beide, 132 beide, 133 alle drei, 134 beide, 135 alle vier, 136/137, 139 m, 139 re, 140 li, 141 re, 142 uli, 144 beide, 145 alle drei, 147 u, 149 re, 151 o, 154 beide, 155 alle drei, 156 beide, 157 beide; **M. Höfer** (4): S. 102 li, 103 u, 107 ure; **iStockPhoto** (2): S. 6, 150; **A. Klees** (1): S. 48 re; **Piotr Krzeslak/iStock** (1): S. 2/3; **F. Leo/fokus-natur.de** (6): S. 12 li, 17 o, 19 o, 142 oli, 142 re, 149 li; **G. Moosrainer** (1): S. 103 re; **D. Nill** (1): S. 143 li; **H. Petrischak** (56): S. 24 li, 25 beide, 26 re, 27 beide, 28 beide, 29 o, 29 ure, 56 u beide, 57 alle drei, 58 beide, 59 uli, 60 li, 60 re, 61 beide, 52 beide, 63 beide, 64 alle drei, 65 beide, 66 beide, 67 beide, 68 beide, 69 oli, 69 uli, 108, 109, 110 beide, 111 beide, 112 o, 113 alle drei, 114 ore, 114 ure, 115 beide, 152, 153 beide; **Pixabay** (4): S. 47 o, 99 m, 100 uli, 147 o; **T. Pröhl/fokus-natur.de** (9): S. 18 li, 48 li, 52 re, 102 ore, 105 li, 107 ore, 140 re, 147 m, 151 u; **A. Rogge** (2): S. 35 u beide; **M. Schäf** (6): 19 u, 51, 53/53, 55 ore, 55 m, 55 u; **R. Schmidt** (1): S. 101 re; **P. Zeininger** (3): 16, 50 re, 106 re; **Shutterstock** (1): S. 139 o

Mit 59 Farbillustrationen von **Kay Elzner** (4): S. 53, 54, 108, 152; **Marianne Golte-Bechtle** (22): S. 10, 30, 32, 33, 36, 72, 73, 74, 75, 78, 79, 80, 81, 82, 83, 118, 119, 120, 122, 123, 124, 125; **Sigrid Haag** (3): S. 31, 76, 77, 121; **Paschalis Dougalis** (28): S. 16, 17, 20, 21, 40, 41, 42, 43, 46, 86, 88, 90, 91, 92, 95, 126, 130, 131, 132, 138, 140, 143, 146, 148, 151, 155, 156, 157; **Roland Spohn** (1): S. 77 (Detail); **Steffen Walentowitz** (1): S. 98

Mit 68 Schwarzweiß-Illustrationen von **Michaela Kienle** (36): S. 11, 13, 15, 16, 26, 28, 32, 39, 42, 58, 59, 63, 64, 67, 71, 72, 81, 82, 85, 92, 94, 99, 108, 109, 110, 112, 114, 127, 132, 139, 141, 142, 145, 148, 150, 156; und **artnot/shutterstock** bearbeitet von **Michaela Kienle** (32): 4, 5, 6, 7, 18, 20, 23, 25, 30, 34, 37, 40, 47, 50, 53, 54, 56, 57, 68, 74, 77, 91, 101, 102, 104, 117, 119, 121, 124, 135, 152, 154

Mit 37 Tierstimmen von **Jean C. Roché/KOSMOS** auf der App „KOSMOS PLUS"

IMPRESSUM

Umschlaggestaltung von Claudia Eder, Schönburg, unter Verwendung von vier Fotos auf der Umschlagvorderseite (Igel von Callingcurlew23/iStock, Hauhechelbläuling und Rotkehlchen von Frank Hecker, Lindenblätter von bgfoto/iStock) und eines Fotos auf der Umschlagrückseite (Fuchs von Angela/Pixabay).

Der Inhalt dieses Buches wurde aus Teilen der bereits im KOSMOS-Verlag erschienenen Bücher „Gartenvögel lebensgroß", „Gartentiere lebensgroß", „Einfach Blumen", „Einfach Bäume" und „Einfach Essbar" neu zusammengestellt.

ISBN 978-3-440-18448-6
Redaktion: Stefanie Tommes, Claudia Salata
Gestaltungskonzept & Satz: Katrin Kleinschrot, Stuttgart
Produktion: Markus Schärtlein
Druck und Bindung: Westermann Druck, Zwickau
Printed in Germany / Imprimé en Allemagne

MIX
Papier | Fördert gute Waldnutzung
FSC® C110508
www.fsc.org